陕西师范大学教材建设基金资助出版

信号与系统实验

张小凤　张光斌　主编

科学出版社

北　京

内 容 简 介

本书是"信号与系统"课程的配套实验用书。全书紧密结合"信号与系统"课程的理论教学，力求通过实验课程教学内容的设计，增强学生对基本知识的理解，培养学生的创新思维与工程实践能力。全书分三部分，包括基于信号与系统实验箱的硬件电路实验、基于MATLAB的信号与系统实验和信号与系统综合与提高实验。书中提供了大量典型例题的程序和相应的实验训练题目、综合设计课题等。

本书可作为通信、电子、信息科学等专业的大学本科或专科"信号与系统"课程的实验教材，也可供从事信号与系统分析及其相关专业的教师、学生和科研人员参考。

图书在版编目（CIP）数据

信号与系统实验 / 张小凤，张光斌主编. —北京：科学出版社，2017.9
ISBN 978-7-03-054558-9

Ⅰ.①信… Ⅱ.①张… ②张… Ⅲ.①信号理论-高等学校-教材 ②信号系统-实验-高等学校-教材 Ⅳ.①TN911.6

中国版本图书馆 CIP 数据核字（2017）第 229904 号

责任编辑：潘斯斯 / 责任校对：郭瑞芝
责任印制：吴兆东 / 封面设计：迷底书装

科 学 出 版 社 出版
北京东黄城根北街 16 号
邮政编码：100717
http://www.sciencep.com

北京中石油彩色印刷有限责任公司 印刷
科学出版社发行 各地新华书店经销
*
2017年9月第 一 版 开本：720×1000 B5
2018年1月第二次印刷 印张：8 3/4
字数：200 000
定价：39.00元
（如有印装质量问题，我社负责调换）

前　言

　　"信号与系统"课程是电子信息与通信类专业的必修课，也是电子信息类专业硕士研究生入学的必考课程。该课程是将学生从电路分析的知识领域引入信号处理与信号传输领域的关键性课程，对后续专业课学习起着承上启下的作用。该课程的基本方法和理论大量应用于计算机、通信、信息处理的各个领域，特别在数字通信、数字信号处理、数字图像处理、数字系统设计等领域，其应用更加广泛。因此，让学生掌握信号与系统分析的基本方法和理论，对于后续学习专业课以及培养学生从事专业工作的能力，都具有重要的意义。

　　长期以来，"信号与系统"课程一直采用传统的教学模式，学生仅依靠老师的讲解与课后做习题来巩固和理解教学内容，对课程中许多抽象的概念无法得到深入的理解，对课程中大量应用性较强的内容不能实际动手设计、调试和分析，严重影响和制约了该门课程的教学效果。因此，该课程迫切需要进行教学方法和教学手段的改革，即在改进教学方法和调整教学内容的同时，实现在实验环境中，以电子电路设计和计算机辅助教学为手段，通过对信号的观察以及信号通过系统响应的测试，帮助学生加深对信号与系统基本知识的理解，培养学生主动获取知识和独立解决问题的能力，为学习后续专业课程打下坚实的基础。

　　目前"信号与系统实验"课程的教学内容主要包括基于信号与系统实验箱的硬件测试实验和基于MATLAB语言的软件编程实验两个方面。其中，基于实验箱的硬件实验，可以锻炼学生的实验测试能力，但由于受硬件实验条件的限制，实验内容相对固定，难以满足课程设计的需求。而基于MATLAB软件的编程实验，由于MATLAB语言具有直观、简洁、编程效率高、交互性好的特点，可以借助MATLAB语言编写不同内容的基础和设计实验，因而受到众多教学工作者的青睐。但是，目前国内同时结合两方面实验内容的"信号与系统实验"教材相对较少，难以满足众多工科院校"信号与系统实验"课程的教学需求。编者在长期从事该课程理论和实验教学工作的基础上，以教学讲义为基础，编写了本书。书中内容涵盖了"信号与系统实验"教学的硬件和软件实验内容，由三部分组成。第一部分为基于信号与系统实验箱的硬件电路实验，实验内容结合信号与系统理论课程，涵盖信号与系统实验课程大纲中所包含的基本实验内容，重点突出信号测试用基本仪器的使用和学生实验测试基本技能的训练。第二部分为基于MATLAB的信号与系统实验，主要包括连续和离散信号的表示及可视化、信号的时域运算及MATLAB实现、离散序列卷积和的MATLAB实现、周期信号傅里叶级数、傅里叶变换及性质、利用MATLAB分析系统的频率特性、拉普拉斯变换、离散系统的零极点分析等。第三部分为综合与提高实验，内容包括信号的调制与解调、声音信号的滤波、基于SIMULINK的信号与系统综合实验设计、信号的自相关分析以及图像信号的二维傅里叶变换等。

本书由张小凤、张光斌共同编写，张小凤负责全书的修改和审订。陕西师范大学物理学与信息技术学院电子信息教研室的各位教师对本书的出版给予了大力支持；科学出版社的各位编辑为本书的出版付出了辛勤的工作。在此一并表示感谢。

由于编者水平有限，书中难免有不足之处，欢迎读者提出批评和建议。

编　者

2017年7月

目　　录

第1章　基于信号与系统实验箱的硬件电路实验

1.1　信号与系统实验箱简介和数字示波器的使用

一、实验目的

1. 熟悉信号与系统实验箱的基本模块。
2. 熟悉示波器的基本功能。
3. 掌握用示波器测量信号参数的方法。

二、实验仪器

RZ8663 信号与系统实验箱、RIGOL DS1052E 双踪示波器。

三、实验原理

1. RZ8663 信号与系统实验箱简介。

RZ8663 信号与系统实验箱是专门为"信号与系统"课程而设计的，提供了信号时域、频域分析的实验。利用该实验箱可进行阶跃响应与冲激响应的时域分析；借助 DSP 技术实现信号卷积、信号频谱的分析、信号的分解与合成实验；抽样定理与信号恢复的分析和研究；连续时间系统的模拟；一阶、二阶电路的暂态响应；二阶网络状态轨迹显示、各种滤波器设计与实现等内容的学习与实验。

该实验箱的系统分布图如图 1.1.1 所示。图中给出了实验箱各模块的名称和分布。其中，和信号与系统实验相关的模块组成如下：

1）电源输入模块

此模块位于实验平台的右上角部分，分别提供+12V、+5V、–12V、–5V 的电源输出。4 组电源对应 4 个发光二极管，电源输出正常时对应的发光二极管亮。

2）信号源模块

此模块位于实验平台的左上角，可以提供信号与系统实验的各种波形，主要有正弦波、三角波、方波、半波、全波。信号的频率范围为 100Hz～200kHz，可分别通过对应的按钮调节信号的频率、占空比。信号的幅度可以通过电位器旋钮调节。

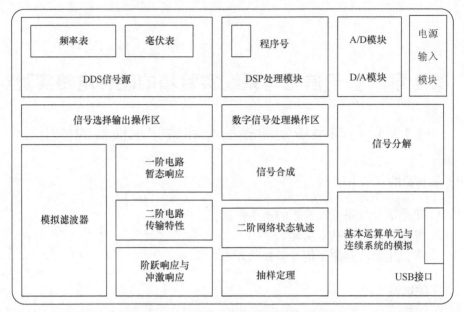

图 1.1.1　RZ8663 实验系统分布示意图

此模块包含两个测量点：TP702，测量输出的信号波形（正弦波、三角波、方波、扫频信号、全波、半波）；TP701，测量点频信号输出波形（用于做抽样实验）。包括两个信号插孔：P702，信号源信号输出插孔；P701，点频信号输出插孔。

3）信号分解与合成模块

此模块位于实验平台的中部，主要完成方波信号的分解与合成，模块的右面上半部分为信号的分解，下半部分为信号的合成。信号的分解部分提供了 8 个波形输出测量点：TP801，TP802，…，TP808；TP801～TP807 分别为信号的 1～7 次谐波输出波形的测试点，第 8 个测量点 TP808 为 8 次以上谐波的合成输出波形测试点。信号合成的部分中，把分解输出的各次谐波信号连接输入至合成部分，在合成的输出测量点 TP809 可观察到合成后的信号波形。

此模块上还有四个开关：K801、K802、K803、K804。这四个开关的作用是用于选择是否对分解出的 1 次、3 次、5 次、7 次谐波幅度进行放大（便于研究谐波幅度对信号合成的影响）：当开关位于 1、2 位置（左侧）时，不放大；当开关位于 2、3 位置时，可通过相应电位器调节谐波分量的幅度。例如，对于输出的基波分量，当开关 K801 位于 1、2 位置时，电位器 W801 不起任何作用，直接把分解提取到的基波输出；当开关 K801 位于 2、3 位置时，分解提取到的基波分量可通过电位器 W801 来调节它的输出信号幅度的大小。

模块上有 8 个信号插孔：P801～P808，分别对应信号分解时各次谐波的输出插孔。

4）信号卷积实验模块

此模块在信号分解模块内，结构非常简单，只有三个测量点，分别为两个激励信号的测量点和一个卷积后的信号输出波形测量点。

5）一阶电路暂态响应模块

此模块可根据自己的需要搭接一阶电路，观测各点的信号波形。

它有 3 个测量点：TP902、TP903，为一阶 RC 电路电容上的响应信号测量点；TP907，为一阶 RL 电路电阻上的响应信号测量点。信号插孔包括：P901、P906，为信号输入插孔；P902、P903、P904、P905、P907、P908、P909，为电路连接插孔。

6）二阶电路传输特性模块

此模块也可根据需要搭接二阶电路，观测各测量点的信号波形。

它有两个测量点：TP201，有源二阶电路传输特性输出测量点；TP202，负阻抗电路传输特性输出测量点。信号插孔：P201、P202，为信号输入插孔。

7）二阶网络状态轨迹模块

此模块除了可以完成二阶网络状态轨迹观察的实验，还可完成二阶电路暂态响应观察的实验。

它有两个测量点：TP904、TP905，为输出信号波形观测点。信号插孔：P910，为信号输入插孔。

8）阶跃响应与冲激响应模块

该模块通过接入适当的输入信号，可观测输入信号的阶跃响应与冲激响应。

此模块有两个测量点：TP913，冲激信号观测点；TP906，冲激响应、阶跃响应信号输出观测点。信号插孔：P912、P914，为信号输入插孔；P913，冲激信号输出插孔。

9）抽样定理模块

通过本模块可观测到抽样过程中各个阶段的信号波形。

该模块有三个测量点：TP601，输入信号波形观测点；TP603，抽样波形观测点；TP604，抽样信号经滤波器恢复后的信号波形观测点。信号插孔：P601，信号输入插孔；P602，抽样脉冲信号输入插孔；P603，抽样信号输出插孔。

10）模拟滤波器模块

此模块提供了多种有源、无源滤波器，包括低通无源滤波器、低通有源滤波器、高通无源滤波器、高通有源滤波器、带通无源滤波器、带通有源滤波器、带阻无源滤波器和带阻有源滤波器。实验中，可以根据自己的需要选择性地进行实验。

它有 8 个测量点：TP401，信号经低通无源滤波器后的输出信号波形观测点；

TP402，信号经低通有源滤波器后的输出信号波形观测点；TP403，信号经高通无源滤波器后的输出信号波形观测点；TP404，信号经高通有源滤波器后的输出信号波形观测点；TP405，信号经带通无源滤波器后的输出信号波形观测点；TP406，信号经带通有源滤波器后的输出信号波形观测点；TP407，信号经带阻无源滤波器后的输出信号波形观测点；TP408，信号经带阻有源滤波器后的输出信号波形观测点。信号插孔：P401、P402、P403、P404、P405、P406、P407、P408，分别为各滤波器的信号输入插孔。

11）基本运算单元与连续系统的模拟模块

本模块提供了很多开放的电阻、电容和运放器，可根据需要搭接不同的电路，进行各种测试。例如，可实现加法器、比例放大器、积分器、有源滤波器、一阶系统的模拟等。

12）频率表与毫伏表

频率表显示信号源输出信号的频率值，毫伏表显示信号源输出信号幅度的平均值（正弦信号为有效值），指示范围为 0～10V。

2. RIGOL DS1052E 数字示波器简介。

1）了解 DS1052E 的前面板和用户界面

DS1052E 提供简单而功能明晰的前面板，以进行基本的操作，如图 1.1.2 所示。面板上包括旋钮和功能按键。旋钮的功能与其他示波器类似。显示屏右侧的一列 5 个灰色按键为菜单操作键（自上而下定义为 1～5 号）。通过这些旋钮，可以设置当前菜单的不同选项；其他按键为功能键，可以进入不同的功能菜单或直接获得特定的功能与应用。

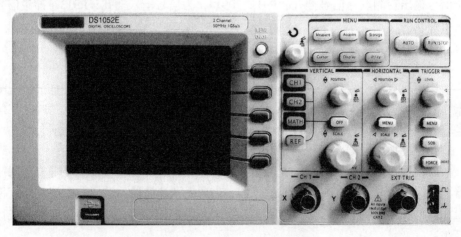

图 1.1.2　DS1052E 示波器前面板

DS1052E 面板操作如图 1.1.3 所示，主要有多功能旋钮、功能按钮、控制按钮、触发控制、水平控制、垂直控制、信号输入通道、外部触发输入、探头补偿、USB 接口等。

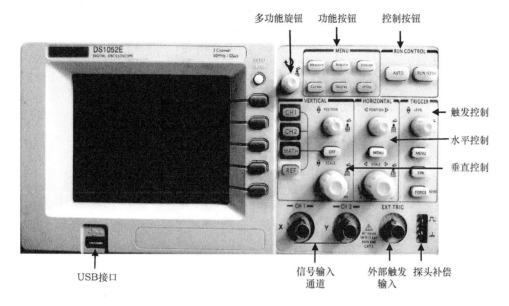

图 1.1.3　DS1052E 面板操作图

按键的文字表示与面板上按键的标识相同。值得注意的是，MENU 功能键的标识用一个四方框包围的文字表示，如 MEASURE 代表前面板上的一个标注着 Measure 文字的透明功能键。菜单操作键的标识用带阴影的文字表示，如波形存储，表示存储菜单中的存储波形选项。

波形在界面上的显示如图 1.1.4 所示。

电源的供电电压为 100~240V 交流电，频率为 45~440Hz。接通电源后，仪器执行所有自检项目，并确认通过自检。

2）示波器接入信号

DS1052E 为双通道输入加一个外触发输入通道的数字示波器。示波器接入信号的步骤如下。

（1）用示波器探头将信号接入通道 1（CH1）：将探头上的开关设定为 10X（图 1.1.5），并将示波器探头与通道 1 连接。将探头连接器上的插槽对准 CH1 同轴电缆插接件（BNC）上的插口并插入，然后向右旋转以拧紧探头。

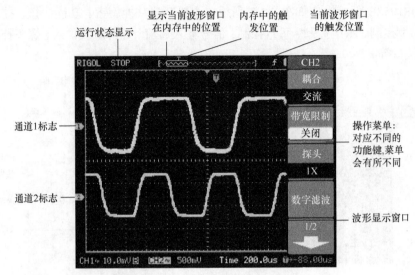

图 1.1.4 信号在界面上的显示

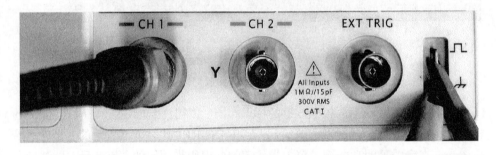

图 1.1.5 探头的补偿连接

(2) 示波器需要输入探头衰减系数。此衰减系数改变仪器的垂直挡位比例,从而使得测量结果正确反映被测信号的电平(默认的探头菜单衰减系数设定值为1X)。设置探头衰减系数的方法如下:按 CH1 功能键显示通道 1 的操作菜单,应用与探头项目平行的 3 号菜单操作键,选择与使用的探头同比例的衰减系数。此时设定应为 10X,如图 1.1.6 所示。

(3) 把探头端部和接地夹接到探头补偿器的连接器上,如图 1.1.5 所示。按 AUTO (自动设置)按钮。几秒钟内,可见到方波显示。

(4) 以同样的方法检查通道 2(CH2)。按 OFF 功能按钮或再次按下 CH1 功能按钮以关闭通道 1,按 CH2 功能按钮以打开通道 2,重复步骤(2)和步骤(3)。

注意:探头补偿连接器输出的信号仅作为探头补偿调整之用,不可用于校准。

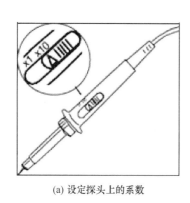

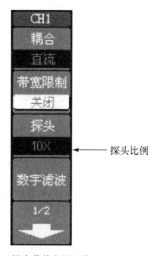

探头比例

(a) 设定探头上的系数　　　　　(b) 设定菜单中的系数

图 1.1.6　探头的衰减设定

3）示波器自动设置的功能

DS1052E 数字示波器具有自动设置的功能。根据输入的信号，可自动调整电压倍率、时基以及触发方式至最好形态显示。应用自动设置时，要求被测信号的频率大于或等于 50Hz，占空比大于 1%。自动设置的使用方法如下。

（1）将被测信号连接到信号输入通道。

（2）按下 $\boxed{\text{AUTO}}$ 按钮。

示波器将自动设置垂直、水平和触发控制。如果需要，可手工调整控制旋钮使波形显示达到最佳。

4）垂直系统的使用

垂直控制区（VERTICAL）有一系列的按键、旋钮，如图 1.1.7 所示。

使用垂直 ⊙POSITION 旋钮在波形窗口居中显示信号。垂直 ⊙POSITION 旋钮控制信号的垂直显示位置。当转动垂直 ⊙POSITION 旋钮时，指示通道地（GROUND）的标识跟随波形上下移动。

注意：如果通道耦合方式为 DC，则可以通过观察波形与信号地之间的差距来快速测量信号的直流分量。如果耦合方式为 AC，信号里面的直流分量被滤除。这种方式方便用更高的灵敏度显示信号的交流分量。

双模拟通道垂直位置恢复到零点快捷键：旋动垂直 ⊙POSITION 旋钮不但可以改变通道的垂直显示位置，更可以通过按下该旋钮，作为设置通道垂直显示位置恢复到零点的快捷键。

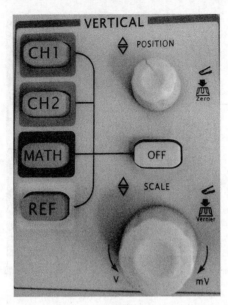

图 1.1.7　垂直控制系统

通过波形窗口下方的状态栏显示的信息，可以确定任何垂直挡位的变化。转动垂直 ⊚SCALE 旋钮改变 "Volt/div（伏/格）" 垂直挡位，可以发现状态栏对应通道的挡位显示发生了相应的变化。按 CH1 、CH2、MATH 按键，屏幕显示对应通道的操作菜单、标志、波形和挡位状态信息。按 OFF 按键关闭当前选择的通道。

Vernier（微调）快捷键：可通过按下垂直 ⊚SCALE 旋钮作为设置输入通道的/微调状态的快捷键，然后调节该旋钮即可微调垂直挡位。

5）水平系统的使用

如图 1.1.8 所示，水平控制区（HORIZONTAL）有一个按键、两个旋钮。

使用水平 ⊚SCALE 旋钮改变水平挡位设置，并观察因此导致的状态信息变化。转动水平 ⊚SCALE 旋钮改变 "s/div（秒/格）" 水平挡位，可以发现状态栏对应通道的挡位显示发生了相应的变化。水平扫描速度从 2ns 至 50s，以 1-2-5 倍的形式步进。

Zoom（局部缩放）快捷键：水平 ⊚SCALE 旋钮不但可以通过转动调整 "s/div（秒/格）"，更可以按下切换到延迟扫描状态，示波器以两种不同扫描速度同时扫描一个信号，延迟扫描是主扫描的放大部分。

使用水平 ⊚POSITION 旋钮调整信号在波形窗口的水平位置。水平 ⊚POSITION 旋钮控制信号的触发位移。当应用于触发位移时，转动水平 ⊚POSITION 旋钮时，可以观察到波形随旋钮而水平移动。

图 1.1.8　水平控制区

触发点位移恢复到水平零点快捷键：水平 ⊚POSITION 旋钮不但可以通过转动调整信号在波形窗口的水平位置，更可以按下该键使触发位移（或延迟扫描位移）恢复到水平零点处。

按 MENU 按钮，显示 TIME 菜单。在此菜单下，可以开启/关闭延迟扫描或切换 Y–T、X–Y 和 ROLL 模式，还可以设置水平触发位移复位。

触发位移：指实际触发点相对于存储器中点的位置。转动水平 ⊚POSITION 旋钮，可水平移动触发点。

6）触发系统的使用

触发控制区（TRIGGER）有一个旋钮、三个按键，如图 1.1.9 所示。

使用 ⊚LEVEL 旋钮改变触发电平设置。转动 ⊚LEVEL 旋钮，可以发现屏幕上出现一条橘红色的触发线以及触发标志，随旋钮转动而上下移动。停止转动旋钮，此触发线和触发标志会在约 5s 后消失。在移动触发线的同时，可以观察到在屏幕上触发电平的数值发生了变化。

触发电平恢复到零点快捷键：旋动 ⊚LEVEL 旋钮不但可以改变触发电平值，更可以通过按下该旋钮作为设置触发电平恢复到零点的快捷键。

使用 MENU 调出触发设置菜单如图 1.1.10 所示，改变触发的设置，观察由此造成的状态变化。

图 1.1.9　触发控制区　　　　　　　图 1.1.10　触发设置菜单

按 1 号菜单操作按键，选择"触发模式"边沿触发。

按 2 号菜单操作按键，选择"信源选择"为 CH1。

按 3 号菜单操作按键，设置"边沿类型"为 ↑（上升沿）。

按 4 号菜单操作按键，设置"触发方式"为自动。

按 5 号菜单操作按键，进入"触发设置"二级菜单，对触发的耦合方式、触发灵敏度和触发释抑时间进行设置。

注意：改变前三项的设置会导致屏幕右上角状态栏的变化。

按 50% 按钮，设定触发电平在触发信号幅值的垂直中点。

按 FORCE 按钮：强制产生一个触发信号，主要应用于触发方式中的"普通"和"单次"模式。

触发释抑：指重新启动触发电路的时间间隔。旋动多功能旋钮（ ↻ ），可设置触发释抑时间。

四、实验内容

1. 熟悉信号源模块。

信号源操作区示意图如图 1.1.11 所示，具体的实验箱信号源操作区图片如图 1.1.12 所示。

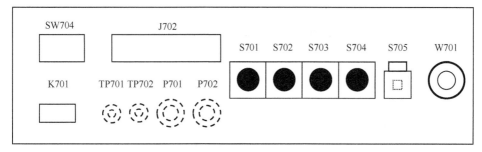

图 1.1.11　信号源操作区示意图

图 1.1.12　实验箱信号源操作区图片

首先，对信号源部分的各个旋钮及功能进行操作。

J702：波形选择开关(正弦波、三角波、方波、扫频、半波、全波)。

K701：信号输出选择开关，当开关置于"函数"位置时，输出三角波、正弦波、扫频、半波、全波等信号；当开关置于"脉冲"位置时，输出脉冲信号。

W701：信号幅度调节旋钮。

TP701：点频信号测量点。

TP702：函数信号输出测量点，信号默认的输出频率为 2kHz。

SW704：点频输出选择，选择不同的组合，可以输出不同频率和占空比的脉冲，地址开关拨到上面为"1"，地址开关拨到下面为"0"。其不同组合对应的点频输出信号的频率和占空比如表 1.1.1 所示。其中，F 表示点频信号的频率，τ 表示脉冲宽度，T 表示周期，τ/T 表示信号的占空比。

表 1.1.1　点频输出信号的频率和占空比

1234(SW704 选择开关)	F(频率)	τ/T(占空比)
0101	3kHz	1/2
0110	3kHz	1/4
0111	3kHz	1/8
1001	6kHz	1/2
1010	6kHz	1/4
1011	6kHz	1/8
1101	12kHz	1/2
1110	12kHz	1/4
1111	12kHz	1/8

S705：频率和占空比"+\–"切换按钮。

（1）S705 弹起时，按下频率调节按钮，频率减小。

（2）S705 按下时，按下频率调节按钮，频率增加。

（3）S705 弹起时，按下占空比调节按钮，占空比减小。

（4）S705 按下时，按下占空比调节按钮，占空比增加。

S701、S702、S703：频率调节按钮；按一次 S701 按钮，输出信号频率增加或减小 100Hz；按一次 S702 按钮，输出信号频率增加或减小 1kHz；按一次 S703 按钮，输出信号频率增加或减小 10kHz。

S704：占空比调节按钮，输出信号默认占空比为 1/2，每按一次此按钮占空比增加或减小 1/8，最小占空比为 1/8。

P101：模拟信号和毫伏表测量输入插孔，做实验时需把它与 P702 相连，此时可测得输出信号有效值，也可把外加信号送至此插孔，在 TP102 测试点测量其有效值。

2. 正弦信号的观察与测量。

（1）实验系统加电，在 J702 选择开关上选择正弦信号，信号输出选择开关 K701 置于"函数"位置。

（2）默认输出信号的频率为 2kHz，此时频率表应显示"002000"。

（3）连接 P702 和 P101，将输出的信号送至毫伏表显示。

（4）在 TP702 上接示波器观察信号波形。

（5）调节 W701 信号幅度调节旋钮，在示波器上观察到信号幅度的变化，并用示波器测量信号的峰-峰值和有效值。

（6）按下信号频率调节按钮，在示波器上观察到信号频率的变化，测量不同频率信号的周期。

3. 脉冲信号的观察与测量。

（1）实验系统加电，在 J702 选择开关上选择脉冲信号，K701 置于"脉冲"位置，可以输出脉冲方波信号。

（2）默认输出信号的频率为 2kHz，此时频率表应显示"002000"。

（3）连接 P702 和 P101，将输出的信号送至毫伏表显示。

（4）在 TP702 上接示波器观察信号波形。

（5）调节 W701 信号幅度调节旋钮，在示波器上观察到信号幅度的变化，并用示波器测量信号的峰-峰值和有效值。

（6）按下占空比调节按钮，在示波器上观察信号占空比的变化。

五、实验思考题

1. 实验中如何减少噪声对信号的干扰?
2. 如何用示波器准确测量信号的幅度和周期? 应该使用示波器的什么功能?

六、实验报告要求

1. 绘出实验测试波形, 正确标明信号的幅度和时间, 并比较示波器测量结果和毫伏表显示结果的差异, 分析原因。
2. 实验中对示波器的哪些旋钮印象深刻? 它们分别起什么作用?

1.2　阶跃响应与冲激响应

一、实验目的

1. 观察和测量 RLC 串联电路的阶跃响应与冲激响应的波形和有关参数, 并研究电路元件参数变化对响应波形的影响。
2. 掌握有关系统时域响应的测量方法。

二、实验设备

1. 双踪示波器 1 台。
2. 信号与系统实验箱 1 台。

三、实验原理

实验 RLC 串联电路的阶跃响应与冲激响应的电路连接图如图 1.2.1 所示, 图 1.2.1(a) 为阶跃响应电路连接示意图;图 1.2.1(b) 为冲激响应电路连接示意图。
一般 RLC 串联电路的响应有以下三种状态。

(1) 当电阻 $R > 2\sqrt{\dfrac{L}{C}}$ 时, 称为过阻尼状态。

(2) 当电阻 $R = 2\sqrt{\dfrac{L}{C}}$ 时, 称为临界阻尼状态。

(3) 当电阻 $R < 2\sqrt{\dfrac{L}{C}}$ 时, 称为欠阻尼状态。

若阶跃响应的波形图如图 1.2.2 所示, 则阶跃响应的动态指标可定义如下。
上升时间 t_r : $y(t)$ 从 0 到第一次达到稳态值 $y(\infty)$ 所需的时间。
峰值时间 t_p : $y(t)$ 从 0 上升到 y_{max} 所需的时间。

调节时间 t_s：$y(t)$ 的振荡包络线进入稳态值的 ±5 %误差范围所需的时间。

最大超调量 δ_p：

$$\delta_p = \frac{y_{max} - y(\infty)}{y(\infty)} \times 100\%$$

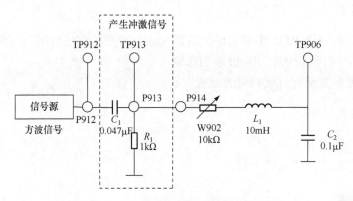

(a) 阶跃响应电路连接示意图

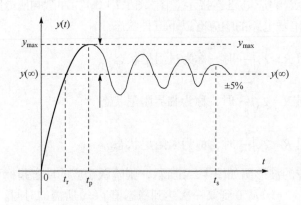

(b) 冲激响应电路连接示意图

图 1.2.1　RLC 串联电路的阶跃响应与冲激响应的电路连接图

图 1.2.2　阶跃响应动态指标示意图

冲激信号是阶跃信号的导数，所以线性时不变系统的冲激响应也是阶跃响应的导数。因为动态网络的过渡过程是十分短暂的单次变化过程，要用普通示波器观察过渡过程和测量有关参数，就必须使这种变化的过程重复出现。为了便于用示波器观察响应波形，实验中用脉冲周期方波代替阶跃信号，而用周期方波通过微分电路后得到的尖顶脉冲代替冲激信号，以便于信号波形的观察和时间参数的测量。

四、实验内容

1. 阶跃响应波形观察与参数测量。

设激励信号为脉冲方波信号，幅度为 1.5V，频率为 500Hz。实验电路连接图如图 1.2.1(a)所示。实验步骤如下：

（1）连接 P702 与 P914、P702 与 P101（P101 为毫伏表信号输入插孔）。

（2）J702 置于"脉冲"，拨动开关 K701 选择"脉冲"。

（3）调节按钮 S701，使频率 f=500Hz，调节 W701 幅度旋钮，使信号幅度为 1.5V（注意：实验中，在调整信号源输出信号的参数时，需连接上负载后调节）。

（4）示波器 CH1 接于 TP906，调整 W902，改变电路中的电阻值，使电路分别工作于欠阻尼、临界阻尼和过阻尼三种状态，并将实验数据填入表 1.2.1 中。

表 1.2.1　实验数据

状态　　　　　参数测量	欠阻尼状态	临界状态	过阻尼状态
参数测量	$t_r=$ $t_s=$ $\delta_p=$		
波形观察			

注：描绘波形要使三种状态的 X 轴坐标(扫描时间)一致

（5）TP702 为输入信号波形的测量点，可把示波器的 CH2 接于 TP702 上，便于输入和输出波形的比较。

2. 冲激响应的波形观察。

冲激信号是由阶跃信号经过微分电路而得到的。实验电路如图 1.2.1(b)所示。实验步骤如下：

（1）连接 P702 与 P912、P702 与 P101（频率与幅度与阶跃响应测试时的输入信号相同）。

（2）将示波器的 CH1 接于 TP913，观察经微分后的响应波形（等效为冲激激励信号）。

（3）连接 P913 与 P914。

（4）将示波器的 CH2 接于 TP906，调整 W902，使电路分别工作于欠阻尼、临界阻尼和过阻尼三种状态。

（5）观察 TP906 端三种状态波形，并填于表 1.2.2 中。

表 1.2.2　三种状态的实验测试波形

波形　　　　　　状态	欠阻尼状态	临界状态	过阻尼状态
激励波形			
响应波形			

其中，表 1.2.2 中的激励波形为在测量点 TP913 观测到的波形（冲激激励信号）。

五、实验报告要求

1. 描绘同样时间轴阶跃响应与冲激响应的输入、输出电压波形时，要标明信号幅度 A、周期 T、方波脉宽 T_1 以及微分电路的时间常数 τ 值。

2. 分析实验结果，说明电路参数变化对输出信号波形的影响。

1.3　连续时间系统的模拟

一、实验目的

1. 了解基本运算器——加法器、标量乘法器和积分器的电路结构与运算功能。

2. 掌握用基本运算单元模拟连续时间系统的方法。

二、实验设备

1. 双踪示波器 1 台。

2. 信号与系统实验箱 1 台。

三、实验原理

1. 线性系统的模拟。

系统的模拟就是用由基本运算单元组成的模拟装置来模拟实际的系统。这些实际系统可以是电的或非电的物理系统，也可以是社会、经济和军事等非物理系统。模拟装置可以与实际系统的内容完全不同，但是两者的微分方程完全相同，输入、输出关系，即传输函数也完全相同。模拟装置的激励和响应是电物理量，而实际系统的激励和响应不一定是电物理量，但它们之间的关系是一一对应的。所以，可以通过对模拟装置的研究来分析实际系统，最终达到一定条件下确定系统最佳参数的目的。

2. 三种基本运算电路。

（1）比例放大器，如图 1.3.1 所示。其输入输出关系为

$$u_0 = -\frac{R_2}{R_1} \cdot u_1$$

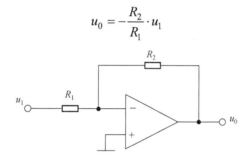

图 1.3.1　比例放大器电路连接示意图

（2）加法器，如图 1.3.2 所示。

$$u_0 = -\frac{R_2}{R_1}(u_1 + u_2) = -(u_1 + u_2), \quad (R_1 = R_2)$$

（3）积分器，如图 1.3.3 所示。

$$u_0 = -\frac{1}{RC}\int u_1 \mathrm{d}t$$

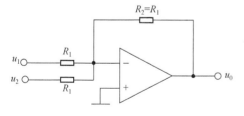

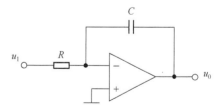

图 1.3.2　加法器电路连接示意图　　　　　图 1.3.3　积分器电路连接示意图

3. 一阶系统的模拟。

图 1.3.4(a)是最简单的 RC 电路，设流过 R、C 的电流为 $i(t)$，则有

$$x(t) - y(t) = Ri(t)$$

根据电容 C 上电压与电流的关系

$$i(t) = C \frac{\mathrm{d}y(t)}{\mathrm{d}t}$$

因此

$$x(t) - y(t) = RC \frac{\mathrm{d}y(t)}{\mathrm{d}t}$$

上式也可写成

$$\frac{\mathrm{d}y(t)}{\mathrm{d}t} + \frac{1}{RC} y(t) - \frac{1}{RC} x(t) = 0$$

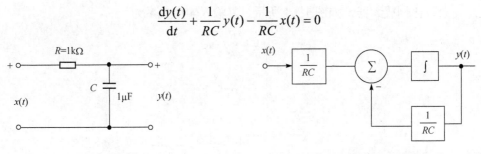

(a) RC电路　　　　　　　　　　　　　　(b) 一阶微分方程模拟框图1

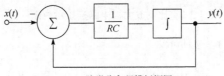

(c) 一阶微分方程模拟框图2

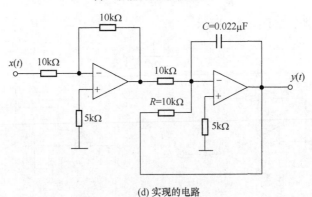

(d) 实现的电路

图 1.3.4　一阶系统的模拟

这是最典型的一阶微分方程。图 1.3.4(a) 的 RC 电路输入与输出信号之间的关系可用一阶微分方程来描述，故常称为一阶 RC 电路。

一般典型的微分方程可以写成如下表示式：

$$\frac{1}{RC}x(t) - \frac{1}{RC}y(t) = \frac{\mathrm{d}y(t)}{\mathrm{d}(t)} \tag{1.3.1}$$

$$y(t) - x(t) = -RC\frac{\mathrm{d}y(t)}{\mathrm{d}(t)} \tag{1.3.2}$$

式(1.3.1)和式(1.3.2)的数学关系可以分别用图 1.3.4(b)、(c)的框图来表示，图 1.3.4(b)、(c)在数学关系上是等效的。对应于式(1.3.2)的微分方程，可以应用比例放大器、加法器和积分器电路来实现，具体的电路如图 1.3.4(d)所示，它是一种最简单的一阶模拟电路。

四、实验内容

在实验基本运算单元与连续系统的模拟模块中，有两个运算放大器，分别通过三个插孔与其输入、输出端相连。进行实验时，可根据需要选择不同阻值的电阻。实验模块上有 4 个电阻、6 个精密电位器可供选择。电位器的阻值可以根据需要进行调节。

1. 基本运算器——加法器的观测。

（1）请自己动手连接如图 1.3.5 所示实验电路。

（2）连接 P702 和 P914、P702 和 P101。

（3）将 J702 置于"正弦"，拨动开关 K701 选择"函数"。

（4）调节 S702 按钮，使频率为 1kHz，调节电位器 W701 使输出幅度为 1V。

（5）将 P915 和 P702 分别与 u_1 和 u_2 端相连，调节 W902 可改变 P915 输出信号的幅度。

（6）用示波器观测 u_0 端信号幅度，是否为两输入信号幅度之和。

2. 基本运算器——比例放大器的观测。

（1）请自己动手连接如图 1.3.6 所示实验电路。

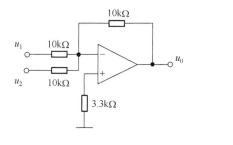
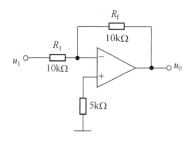

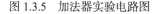

图 1.3.5　加法器实验电路图　　　　图 1.3.6　比例放大器实验电路图

（2）连接 P702 和 P101。

（3）将 J702 置于"脉冲"，拨动开关 K701 选择"脉冲"。

（4）调节 S702 按钮，使频率为 1kHz，调节电位器 W701，使输出幅度为 1V。

（5）将信号源产生的脉冲信号送入输入端 u_i，示波器同时观察输入、输出波形并比较信号的幅度大小。

3. 基本运算器——积分器的观测。

（1）请自己动手连接如图 1.3.7 所示实验电路。

（2）信号发生器产生幅度为 1V，频率 f=1kHz 的方波送入输入端，示波器同时观察输入、输出波形并比较。

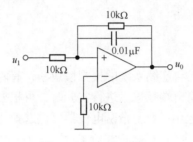

图 1.3.7　积分器实验电路

4. 一阶 RC 电路的模拟。

如图 1.3.4(a) 为已知的一阶 RC 电路。图 1.3.4(d) 是它的一阶模拟电路。

（1）请自己动手连接如图 1.3.4(d) 所示实验电路。

（2）信号发生器产生幅度为 1V，频率 f=1kHz 的方波送入一阶模拟电路输入端，用示波器观测输出电压波形，验证其模拟情况。

五、实验报告要求

1. 准确绘制各基本运算器输入、输出波形，标出峰-峰电压及周期。

2. 绘制一阶模拟电路阶跃响应，标出峰-峰电压及周期。

1.4　有源无源滤波器

一、实验目的

1. 熟悉滤波器的构成及其特性。

2. 学会测量滤波器幅频特性的方法。

二、实验设备

1. 双踪示波器 1 台。

2. 信号与系统实验箱 1 台。

3. 频率计 1 台。

4. 扫频仪(可选)1 台。

三、实验原理

滤波器是一种能使有用的频率信号通过而同时抑制(或大为衰减)无用的频率信号的电子装置。工程上常用它进行信号处理、数据传送和干扰抑制等。本实验中主要是讨论模拟滤波器。以往这种滤波电路主要由无源元件 R、L 和 C 组成，20 世纪 60 年代以来，集成运放获得了迅速发展，由它和 R、C 组成的有源滤波电路，具有不用电感、体积小、重量轻等优点。此外，集成运放的开环电压增益和输入阻抗均很高，输出阻抗又低，构成有源滤波电路后还具有一定的电压放大和缓冲作用，因而在工程中得到广泛应用。但是，集成运放的带宽有限，所以，目前有源滤波电路工作频率难以做得很高，这是它的不足之处。

1. 基本概念。

滤波电路的输入输出框图如图 1.4.1 所示。图中的 $V_i(t)$ 表示输入信号，$V_o(t)$ 为输出信号。

$$V_i(t) \longrightarrow \boxed{\text{滤波电路}} \longrightarrow V_o(t)$$

图 1.4.1　滤波电路的一般结构图

假设滤波器是一个线性时不变（LTI）网络，则在复频域内有

$$A(s) = V_o(s)/V_i(s)$$

其中，$V_o(s)$ 为输出信号 $V_o(t)$ 的拉普拉斯变换，$V_i(s)$ 为 $V_i(t)$ 的拉普拉斯变换，$A(s)$ 是滤波电路的电压传递函数，一般为复数。对于实际频率来说，则有

$$A(j\omega) = |A(j\omega)| e^{j\phi(\omega)} \tag{1.4.1}$$

其中，$|A(j\omega)|$ 为传递函数的模；$\phi(\omega)$ 为其相位角。

此外，在滤波电路中关心的另一个量是时延 $\tau(\omega)$，它定义为

$$\tau(\omega) = -\frac{\mathrm{d}\phi(\omega)}{\mathrm{d}\omega} \tag{1.4.2}$$

通常，用幅频响应来表征一个滤波电路的特性，欲使信号通过滤波器的失真很小，则相位和时延响应也需考虑。当相位响应 $\phi(\omega)$ 线性变化，即时延响应 $\tau(\omega)$ 为常数时，输出信号才可能避免失真。

2. 滤波电路的分类。

对于幅频响应，通常把能够通过的信号频率范围定义为通带，而把受阻或衰减的信号频率范围称为阻带，通带和阻带的界限频率称为截止频率。

理想滤波电路在通带内应具有零衰减的幅频响应和线性的相位响应，而在阻带内应具有无限大的幅度衰减。但是在实际中，由于电子元件的响应总是存在一定的时间，因而，实际滤波器的幅度不可能从 1 衰减到 0，在通带与阻带之间一般存在着过渡带。通常根据通带和阻带的相互位置不同，可将滤波电路分为以下几类。

（1）低通滤波电路：其幅频响应如图 1.4.2(a) 所示，图中分别给出了理想和实际滤波器的幅频响应。A_0 表示低频增益 $|A|$ 的幅值。ω_H 表示通带截止角频率。由图 1.4.2(a) 可知，它的功能是通过从零到某一截止角频率 ω_H 的低频信号，而对大于 ω_H 的所有频率完全衰减，因此其带宽 $BW = \omega_H$。

（2）高通滤波电路：其幅频响应如图 1.4.2(b) 所示，由图可以看到，在 $0 < \omega < \omega_L$ 范围内的频率为阻带，高于 ω_L 的频率为通带。从理论上来说，它的带宽 $BW = \infty$，但实际上，由于受有源器件带宽的限制，高通滤波电路的带宽也是有限的。

（3）带通滤波电路：其幅频响应如图 1.4.2(c) 所示，图中 ω_L 为低边截止角频率，ω_H 为高边截止角频率，ω_0 为中心角频率。由图 1.4.2(c) 可知，它有两个阻带：$0 < \omega < \omega_L$ 和 $\omega > \omega_H$，因此带宽 $BW = \omega_H - \omega_L$。

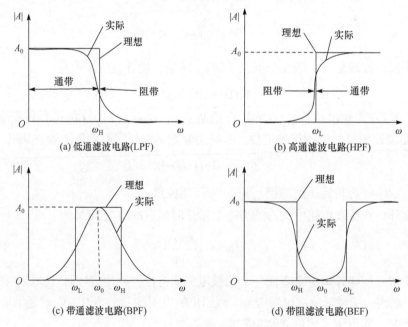

(a) 低通滤波电路(LPF)　　　　　　　(b) 高通滤波电路(HPF)

(c) 带通滤波电路(BPF)　　　　　　　(d) 带阻滤波电路(BEF)

图 1.4.2　各种滤波电路的幅频响应

(4) 带阻滤波电路: 其幅频响应如图 1.4.2(d) 所示, 由图可知, 它有两个通带, 即 $0<\omega<\omega_H$ 和 $\omega>\omega_L$, 一个阻带: $\omega_H<\omega<\omega_L$。因此它的功能是衰减角频率在 $\omega_L \sim \omega_H$ 间的信号。和高通滤波电路相似, 由于受有源器件带宽的限制, 通带 $\omega>\omega_L$ 也是有限的。带阻滤波电路抑制频带的中点所在角频率 ω_0 也叫中心角频率。

四、实验内容

实验中的输入信号均为幅度是 1V 的正弦波, 起始频率为 100Hz。

信号源调节步骤如下。

(1) 将 J702 置于"正弦"位置上, 拨动开关 K701 选择"函数"。

(2) 连接 P702 和 P101, 将输出信号送至毫伏表显示。

(3) 调节电位器 W701 使输出信号的幅度为 1V。

1. 测量低通滤波器的频响特性。

图 1.4.3(a) 为无源低通滤波器, 图 1.4.3(b) 为有源低通滤波器。

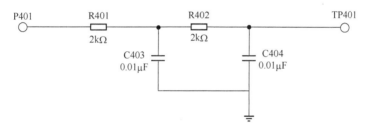

(a) 无源低通滤波器

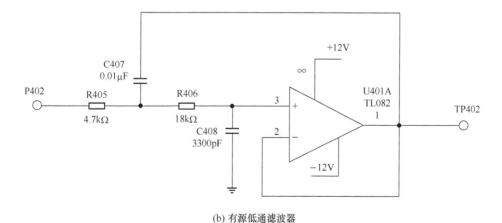

(b) 有源低通滤波器

图 1.4.3 低通滤波器

1) 逐点测量法

(1) 信号发生器产生正弦波，连接 P702 与 P401（低通无源），保持信号输入幅度不变。

(2) 按下 S701 改变输入信号频率，并测量滤波器输出端 TP401 的电压有效值。

(3) 将数据填入表 1.4.1 中。

表 1.4.1　低通无源滤波器逐点测量法

V_i/V	1	1	1	1	1	1	1	1	1	1
f/Hz										
V_o/V										

(4) 连接 P702 与 P402（低通有源）。

(5) 按下 S701 改变输入信号频率，并测量输出端 TP402 的电压有效值。

(6) 将数据填入表 1.4.2 中。

表 1.4.2　低通有源滤波器逐点测量法

V_i/V	1	1	1	1	1	1	1	1	1	1
f/Hz										
V_o/V										

2) 扫频法测量

利用扫频仪测量其幅频响应及截止频率。

2. 测量高通滤波器的频响特性。

图 1.4.4(a) 为高通无源滤波器；图 1.4.4(b) 为高通有源滤波器。

1) 逐点测量法

(1) 信号发生器产生正弦波，连接 P702 与 P403（高通无源），保持信号发生器输入幅度不变。

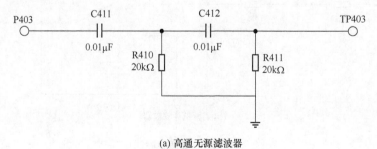

(a) 高通无源滤波器

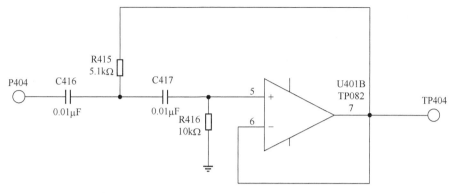

(b) 高通有源滤波器

图 1.4.4　高通滤波器

（2）分别按下 S701 和 S702 改变输入信号频率，并测量输出端 TP403 的电压有效值。

（3）将数据填入表 1.4.3 中。

表 1.4.3　高通无源滤波器逐点测量法

V_i/V	1	1	1	1	1	1	1	1	1	1
f/Hz										
V_o/V										

（4）连接 P702 与 P404（高通有源）。

（5）逐次改变信号发生器频率，并测量输出端 TP404 的电压有效值。

（6）将数据填入表 1.4.4 中。

表 1.4.4　高通有源滤波器逐点测量法

V_i/V	1	1	1	1	1	1	1	1	1	1
f/Hz										
V_o/V										

2）扫频法测量

利用扫频仪测量滤波器的幅频响应及截止频率。

3. 测量带通滤波器的频响特性。

图 1.4.5（a）为带通无源滤波器，图 1.4.5（b）为带通有源滤波器。

1）逐点测量其幅频响应

（1）信号发生器产生正弦波，连接 P702 与 P405（带通无源），保持信号发生器输入幅度不变。

(2) 逐次按下 S701 改变输入信号频率,并测量输出端 TP405 的电压有效值。

(3) 将数据填入表 1.4.5 中。

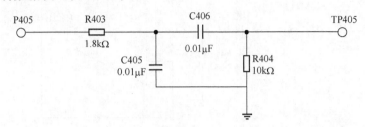

(a) 带通无源滤波器

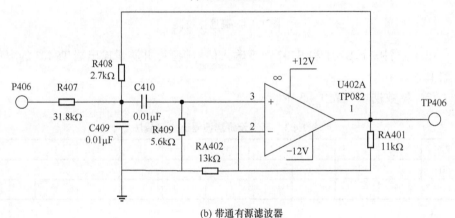

(b) 带通有源滤波器

图 1.4.5　带通滤波器

表 1.4.5　带通无源滤波逐点测量法

V_i/V	1	1	1	1	1	1	1	1	1
f/Hz									
V_o/V									

(4) 连接 P702 与 P406(带通有源)。

(5) 逐次按下 S701 改变输入信号频率,并测量其 TP406 的电压有效值。

(6) 将数据填入表 1.4.6 中。

表 1.4.6　带通有源滤波逐点测量法

V_i/V	1	1	1	1	1	1	1	1	1
f/Hz									
V_o/V									

2）扫频法测量

利用扫频仪测量其幅频响应及截止频率。

4. 测量带阻滤波器的频响特性。

图 1.4.6(a)为带阻无源滤波器，图 1.4.6(b)为带阻有源滤波器。

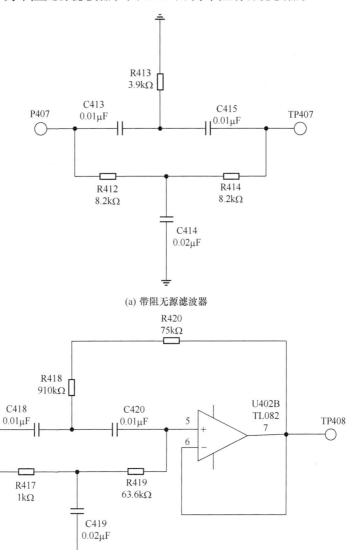

(a) 带阻无源滤波器

(b) 带阻有源滤波器

图 1.4.6　带阻滤波器

1）逐点测量法

表 1.4.7　带阻无源滤波逐点测量法

V_i/V	1	1	1	1	1	1	1	1	1
f/Hz									
V_o/V									

表 1.4.8　带阻有源滤波逐点测量法

V_i/V	1	1	1	1	1	1	1	1	1
f/Hz									
V_o/V									

① 信号发生器产生正弦波，连接 P702 与 P407（带阻无源），保持信号发生器输入幅度不变。

② 逐次按下 S701 改变输入信号频率，并测量其 TP407 的电压有效值。

③ 将数据填入表 1.4.7 中。

④ 连接 P702 与 P408（带阻有源）。

⑤ 逐次改变信号发生器频率，并测量其 TP408 的电压有效值。

⑥ 将数据填入表 1.4.8 中。

2）扫频法测量。利用扫频仪测量带阻滤波器的幅频响应及截止频率。

五、实验报告要求

1. 整理实验数据，并根据测试所得的数据绘制各个滤波器的幅频响应曲线。

2. 分析实验结果，比较有源滤波器和无源滤波器的异同。

1.5　抽样定理与信号恢复

一、实验目的

1. 观察离散信号的频谱，了解其频谱特点。

2. 验证抽样定理并观察恢复的原信号的波形。

二、实验设备

1. 双踪示波器 1 台。

2. 信号与系统实验箱 1 台。

3. 频率计 1 台。

三、实验原理

离散信号不仅可从离散信号源获得，而且可从连续信号抽样获得。一般抽样信号可以表示为

$$F_s(t) = F(t) \cdot S(t) \tag{1.5.1}$$

其中，$F(t)$ 为连续信号；$S(t)$ 是周期为 T_s 的矩形窄脉冲，T_s 又称抽样间隔，$f_s = \dfrac{1}{T_s}$ 称为抽样频率；$F_s(t)$ 为抽样信号。连续信号的抽样如图 1.5.1 所示。

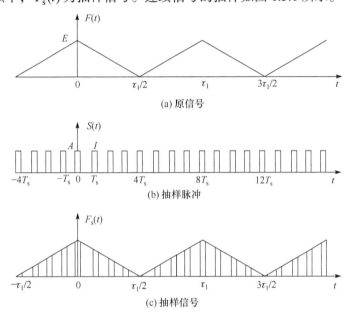

图 1.5.1　连续信号的抽样

将连续信号用周期性矩形脉冲抽样而得到抽样信号，可通过抽样器来实现，实验原理电路如图 1.5.2 所示。

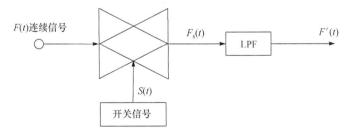

图 1.5.2　信号抽样实验图

连续周期信号经周期矩形脉冲抽样后，抽样信号 $F_s(t)$ 的频谱为

$$F_s(j\omega) = \frac{A\tau}{T_s} \sum_{m=-\infty}^{\infty} \text{Sa}\left(\frac{m\omega_s\tau}{2}\right) \cdot F\left[j(\omega-m\omega_s)\right] \qquad (1.5.2)$$

它包含了原信号频谱以及重复周期为 $f_s = \dfrac{\omega_s}{2\pi}$、幅度按 $\dfrac{A\tau}{T_s}\text{Sa}\left(\dfrac{m\omega_s\tau}{2}\right)$ 规律变化的原信号频谱，即抽样信号的频谱是原信号频谱的周期性延拓。因此，抽样信号占有的频带比原信号频带宽得多。

以周期三角波被矩形脉冲抽样为例加以说明。周期三角波信号的频谱为

$$F(j\omega) = E\pi \sum_{k=-\infty}^{\infty} \text{Sa}^2\left(\frac{k\pi}{2}\right)\delta\left(\omega - k\frac{2\pi}{\tau_1}\right) \qquad (1.5.3)$$

连续周期信号经周期矩形脉冲抽样后，抽样信号的频谱为

$$F_s(j\omega) = \frac{EA\tau\pi}{T_s} \sum_{k=-\infty}^{\infty} \sum_{m=-\infty}^{\infty} \text{Sa}\left(\frac{m\omega_s\tau}{2}\right)\text{Sa}^2\left(\frac{k\pi}{2}\right)\delta(\omega-k\omega_1-m\omega_s) \qquad (1.5.4)$$

其中，$\omega_1 = \dfrac{2\pi}{\tau_1}$ 或 $f_1 = \dfrac{1}{\tau_1}$。

取三角波的有效带宽为 $3f_1$，$f_s = 8f_1$ 作图，其抽样信号频谱如图 1.5.3 所示。

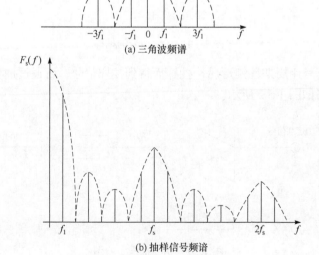

(a) 三角波频谱

(b) 抽样信号频谱

图 1.5.3　抽样信号频谱图

如果离散信号是由周期连续信号抽样而得的，则其频谱的测量方法与周期连续信号方法相同，但应注意频谱的周期性延拓。

抽样信号在一定条件下可以恢复出原信号，其条件是 $f_s \geq 2f_m$，其中 f_s 为抽样频率，f_m 为信号的最高频率。由于抽样信号频谱是原信号频谱的周期性延拓，因此，只要通过一个截止频率为 f_c（ $f_m \leq f_c \leq f_s - f_m$，$f_m$ 是原信号频谱中的最高频率）的低通滤波器就能恢复出原信号。

如果 $f_s < 2f_m$，则抽样信号的频谱将出现混叠，此时将无法通过低通滤波器获得原信号。

在实际信号中，仅含有有限频率成分的信号是极少的，大多数信号的频率成分是无限的，并且实际低通滤波器在截止频率附近的频率特性曲线不够陡峭（图 1.5.4），若使 $f_s = 2f_m$，$f_c = f_m$，恢复出的信号难免有失真。为了减小失真，应将抽样频率 f_s 取高（ $f_s > 2f_m$），低通滤波器满足 $f_m < f_c < f_s - f_m$。

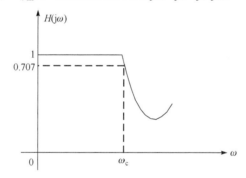

图 1.5.4　实际低通滤波器在截止频率附近的频率特性曲线

为了防止原信号的频带过宽而造成抽样后频谱混叠，实验中常采用前置低通滤波器滤除高频分量，如图 1.5.5 所示。若实验中选用原信号频带较窄，则不必设置前置低通滤波器。

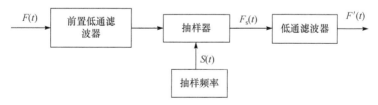

图 1.5.5　信号抽样流程图

本实验采用有源低通滤波器，如图 1.5.6 所示。若给定截止频率为 f_c，并取 $Q = \dfrac{1}{\sqrt{2}}$（为避免幅频特性出现峰值），$R_1 = R_2 = R$，则有

$$C_1 = \frac{Q}{\pi f_c R} \tag{1.5.5}$$

$$C_2 = \frac{1}{4\pi f_c Q R} \tag{1.5.6}$$

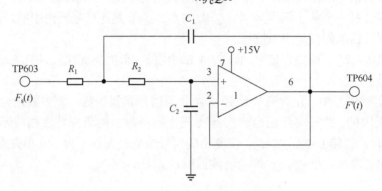

图 1.5.6　有源低通滤波器实验电路图

四、实验内容

1. 观察抽样信号波形。

(1) J701 置于"三角",选择输出信号为三角波,拨动开关 K701 选择"函数"。

(2) 默认输出信号频率为 2kHz,按下 S702 使得输出频率为 1kHz。

(3) 连接 P702 与 P601,输入抽样原始信号。

(4) 连接 P701 与 P602,输入抽样脉冲。

(5) 调节电位器 W701,使输出信号幅度为 1V。

(6) 拨动地址开关 SW704 改变抽样频率,用示波器观察 TP603($F_s(t)$) 的波形,此时需把拨动开关 K601 拨到"空"位置进行观察。

地址开关不同组合,输出不同频率和占空比的抽样脉冲,如表 1.5.1 所示。

表 1.5.1　抽样脉冲选择

1234(SW704 选择开关)	频率	占空比
0101	3kHz	1/2
0110	3kHz	1/4
0111	3kHz	1/8
1001	6kHz	1/2
1010	6kHz	1/4
1011	6kHz	1/8
1101	12kHz	1/2
1110	12kHz	1/4
1111	12kHz	1/8

2. 验证抽样定理与信号恢复。

（1）信号恢复实验方框图如图 1.5.7 所示。

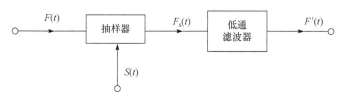

图 1.5.7　信号恢复实验方框图

（2）信号发生器输出频率 f=1kHz，信号的有效值 A=1V 的三角波接于 P601，示波器 CH1 接于 TP603 观察抽样信号 $F_s(t)$，CH2 接于 TP604 观察恢复的信号波形。

（3）拨动开关 K601 到"2K"位置，选择截止频率 f_{c2}=2kHz 的滤波器；拨动开关 K601 到"4K"位置，选择截止频率 f_{c2}=4kHz 的滤波器；此时在 TP604 可观察恢复的信号波形。

（4）拨动开关 K601 到"空"位置，未接滤波器。同学们可按照图 1.5.8 所示电路，在基本运算单元搭建截止频率 f_{c1}=2kHz 的低通滤波器，抽样输出波形 P603 送入 U_i 端，恢复波形在 U_o 端测量，图中电阻可用电位器代替，进行调节。

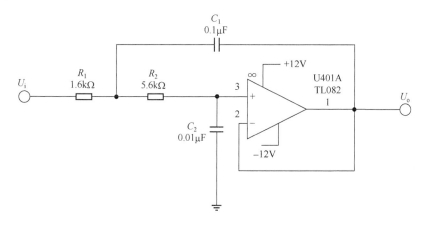

图 1.5.8　截止频率为 2kHz 的低通滤波器原理图

（5）设 1kHz 的三角波信号的有效带宽为 3kHz，$F_s(t)$ 信号分别通过截止频率为 f_{c1} 和 f_{c2} 的低通滤波器，观察其原信号的恢复情况，并完成下列观察任务。

① 当抽样频率为 3kHz、截止频率为 2kHz 时，将波形绘入表 1.5.2 中。

表 1.5.2　信号波形 1

$F_s(t)$ 的波形	$F'(t)$ 的波形

② 当抽样频率为 6kHz、截止频率为 2kHz 时，将波形绘入表 1.5.3 中。

表 1.5.3　信号波形 2

$F_s(t)$ 的波形	$F'(t)$ 的波形

③ 当抽样频率为 12kHz、截止频率为 2kHz 时，将波形绘入表 1.5.4 中。

表 1.5.4　信号波形 3

$F_s(t)$ 的波形	$F'(t)$ 的波形

④ 当抽样频率为 3kHz、截止频率为 4kHz 时，将波形绘入表 1.5.5 中。

表 1.5.5　信号波形 4

$F_s(t)$ 的波形	$F'(t)$ 的波形

⑤ 当抽样频率为 6kHz、截止频率为 4kHz 时，将波形绘入表 1.5.6 中。

表 1.5.6　信号波形 5

$F_s(t)$ 的波形	$F'(t)$ 的波形

⑥ 当抽样频率为 12kHz、截止频率为 4kHz 时，将波形绘入表 1.5.7 中。

表 1.5.7　信号波形 6

$F_s(t)$ 的波形	$F'(t)$ 的波形

五、实验报告要求

1. 整理数据，正确填写表格，总结离散信号频谱的特点。

2. 整理在不同抽样频率(三种频率)情况下，$F(t)$ 与 $F'(t)$ 的波形，分析抽样频率对结果的影响。

3. 比较 $F(t)$ 分别为正弦波和三角形时，其 $F_s(t)$ 的频谱特点。

4. 总结通过本实验所得体会。

1.6　一阶电路的暂态响应

一、实验目的

1. 掌握一阶电路暂态响应的原理。

2. 观测一阶电路的时间常数 τ 对电路暂态过程的影响。

二、实验设备

1. 双踪示波器 1 台。

2. 信号与系统实验箱 1 台。

三、实验原理

含有 L、C 储能元件的电路通常可以用微分方程来描述，电路的阶数取决于微分方程的阶数。凡是用一阶微分方程描述的电路称为一阶电路。一阶电路由一个储能元件和电阻组成，有两种组合：RC 电路和 RL 电路。图 1.6.1 和图 1.6.2 分别为 RC 电路与 RL 电路的基本连接示意图。

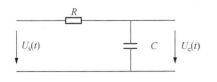

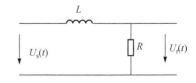

图 1.6.1　RC 电路连接示意图　　　　图 1.6.2　RL 电路连接示意图

根据给定的初始条件和列写出的一阶微分方程以及激励信号，可以求得一阶电路的零输入响应和零状态响应。当系统的激励信号为阶跃函数时，其零状态电压响应一般可表示为下列两种形式：

$$u(t) = U_0 e^{-\frac{t}{\tau}}, \quad t \geq 0 \tag{1.6.1}$$

$$u(t) = U_0(1 - e^{-\frac{t}{\tau}}), \quad t \geq 0 \tag{1.6.2}$$

其中，τ 为电路的时间常数。在 RC 电路中，$\tau = RC$；在 RL 电路中，$\tau = L/R$。式（1.6.1）对应为方波信号的下降沿响应，式（1.6.2）对应为上升沿的响应，本实验研究的暂态响应主要是指系统的零状态电压响应。零状态电流响应的形式与之相似。

四、实验内容

一阶电路的零状态响应，是系统在无初始储能或状态为零的情况下，仅由外加激励源引起的响应。

为了能够在仪器上看到稳定的波形，通常用周期性变化的方波信号作为电路的激励信号。此时电路的输出既可以看成研究脉冲序列作用于一阶电路，也可看成研究一阶电路的直流暂态特性。即用方波的前沿来代替单次接通的直流电源，用方波的后沿来代替单次断开的直流电源。方波的半个周期应大于被测一阶电路的时间常数的 3～5 倍。当方波的半个周期小于被测电路时间常数的 3～5 倍时，情况则较为复杂。

1. 信号源的设置。

（1）J702 置于"脉冲"，拨动开关 K701 选择"脉冲"。

（2）调节 S702 按钮，使频率为 2.5kHz，调节电位器 W701 使输出幅度为 2V。

2. 一阶 RC 电路的观测。

实验电路连接图如图 1.6.3（a）所示。

（1）连接 P702 与 P901，P702 与 P101（P101 为毫伏表信号输入插孔）。

（2）连接 P902 与 P904。

（3）将示波器连接在 TP902 上，观测输出波形。

（4）根据 R、C 计算出时间常数 τ。

（5）根据实际观测到的波形计算出实测的时间常数 τ。

（6）改变 P902 与 P904 间的连接，也可改变为 P902 连 P905、P903 连 P904、P903 连 P905（注：当连接点改在 P903 时，输出测量点应该在 TP903）等。

（7）重复上面的实验过程，将结果填入表 1.6.1 中。

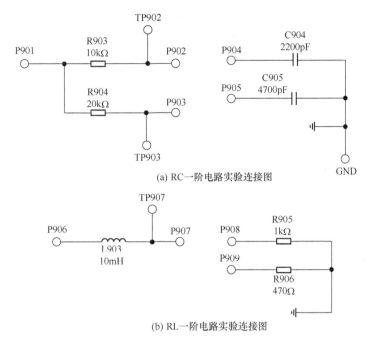

(a) RC一阶电路实验连接图

(b) RL一阶电路实验连接图

图 1.6.3 实验电路连接图

表 1.6.1 一阶 RC 电路

连接点	$R/k\Omega$	C/pF	$\tau=RC/\mu s$	实测τ值	测量点
P902—P904	10	2200			TP902
P902—P905	10	4700			TP902
P903—P904	20	2200			TP903
P903—P905	20	4700			TP903

3. 一阶 RL 电路的观测。

实验电路连接图如图 1.6.3(b) 所示。信号源的频率和幅度保持不变。

(1) 连接 P702 与 P906，P702 与 P101（P101 为毫伏表信号输入插孔）。

(2) 连接 P907 与 P908。

(3) 将示波器连接在 TP907 上，观测输出波形。

(4) 根据 R、L 计算出时间常数 τ。

(5) 根据实际观测到的波形计算出实测的时间常数 τ。

(6) 改变为 P907 连接 P909，重复上面的实验过程，将结果填入表 1.6.2 中。

表 1.6.2　一阶 RL 电路

连接点	$R/k\Omega$	L/mH	$\tau=L/R/\mu s$	实测 τ 值	测量点
P907—P908	1	10			TP907
P907—P909	0.47	10			TP907

五、实验报告要求

1. 将实验测算出的时间常数分别填入表 1.6.1 与表 1.6.2 中，并与理论计算值进行比较。

2. 画出方波信号作用下 RC 电路、RL 电路各状态下的响应电压的波形（绘图时注意波形的对称性）。

1.7　二阶电路的暂态响应

一、实验目的

观测 RLC 电路中元件参数对电路暂态响应的影响。

二、实验设备

1. 双踪示波器 1 台。

2. 信号与系统实验箱 1 台。

三、实验原理

1. RLC 电路的暂态响应。

可用二阶常系数微分方程来描绘的电路称为二阶电路，RLC 电路就是其中一个例子。

由于 RLC 电路中包含不同性质的储能元件，当受到激励后，电场储能与磁场储能将会相互转换，形成振荡。如果电路中存在电阻，那么储能将不断地被电阻消耗，因而振荡是减幅的，称为阻尼振荡或衰减振荡。如果电阻较大，则储能在初次转移时，它的大部分就可能被电阻所消耗，不产生振荡。

因此，RLC 电路的响应有三种情况：欠阻尼、临界阻尼、过阻尼。下面以 RLC 串联电路为例进行说明。设 $\omega_0 = \dfrac{1}{\sqrt{LC}}$ 为回路的谐振角频率，$\alpha = \dfrac{R}{2L}$ 为回路的衰减常数。阶跃信号 $u_s(t) = U_s(t \geqslant 0)$ 加在 RLC 串联电路输入端，其输出电压波形为 $u_c(t)$，由下列公式表示。

(1)　$\alpha^2 < \omega_0^2$，即 $R < 2\sqrt{\dfrac{L}{C}}$，电路处于欠阻尼状态，其响应是振荡性的。其衰减振荡的角频率 $\omega_d = \sqrt{\omega_0^2 - \alpha^2}$。此时有

$$u_c(t) = \left[1 - \frac{\omega_0}{\omega_d} \cdot \mathrm{e}^{-\alpha t} \cos(\omega_d t - \theta)\right] U_s, \quad t \geqslant 0 \tag{1.7.1}$$

其中，$\theta = \arctan \dfrac{\alpha}{\omega_d}$。

(2)　$\alpha^2 = \omega_0^2$，即 $R = 2\sqrt{\dfrac{L}{C}}$，其电路响应处于临界振荡的状态，称为临界阻尼状态。此时有

$$u_c(t) = [1 - (1 + \alpha t)\mathrm{e}^{-\alpha t}] U_s, \quad t \geqslant 0 \tag{1.7.2}$$

(3)　$\alpha^2 > \omega_0^2$，即 $R > 2\sqrt{\dfrac{L}{C}}$，响应为非振荡性的，称为过阻尼状态。此时有

$$u_c(t) = \left[1 - \frac{\omega_0}{\sqrt{\alpha^2 - \omega_0^2}} \mathrm{e}^{-\alpha t} \mathrm{sh}(\sqrt{\alpha^2 - \omega_0^2}\, t + x)\right] U_s, \quad t \geqslant 0 \tag{1.7.3}$$

其中，$x = \arctan\sqrt{1 - \left(\dfrac{\omega_0}{\alpha}\right)^2}$。

2. 矩形信号通过 RLC 串联电路。

由于使用示波器观察周期性信号波形稳定而且易于调节，因而在实验中用周期性矩形信号作为输入信号，RLC 串联电路响应的三种情况可用图 1.7.1 来表示。

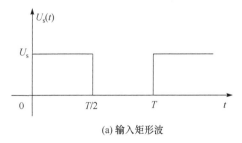

(a) 输入矩形波

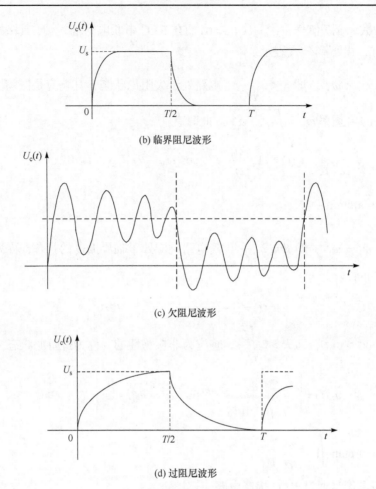

(b) 临界阻尼波形

(c) 欠阻尼波形

(d) 过阻尼波形

图 1.7.1　RLC 串联电路的暂态响应

四、实验内容

　　实验平台上没有专门的二阶电路暂态响应模块,此实验电路可在二阶网络状态轨迹模块上实现。图 1.7.2 为 RLC 串联电路连接示意图,图 1.7.3 为实验电路图。

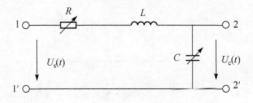

图 1.7.2　RLC 串联电路

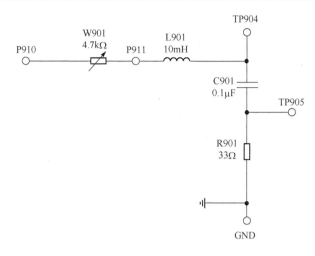

图 1.7.3　二阶暂态响应实验电路图

五、实验步骤

1. 连接 P702 与 P910, P702 与 P101（P101 为毫伏表信号输入插孔）。

2. J702 置于"脉冲"，拨动开关 K701 选择"脉冲"。

3. 按动 S701 和 S702 按钮，使频率为 1.2kHz，调节电位器 W701，使输出幅度为 2V。

4. 将示波器接于 TP904 上，观测 $u_c(t)$ 的波形。

5. 完成观测要求。

（1）观测 $u_c(t)$ 的波形。RLC 串联电路中的电感 L=10mH，电容 C=0.1μF，调节 W901 的阻值为 100Ω，观察示波器上 $u_c(t)$ 的波形变化，并描绘其波形图，与理论计算值进行比较。

（2）观测 RLC 串联电路在振荡、临界、过阻尼三种工作状态下 $u_c(t)$ 的波形：改变 W901 的阻值由 100Ω 逐步增大，观察其 $u_c(t)$ 波形变化的情况。

① 记下临界阻尼状态时 W901 的阻值，并描绘其 $u_c(t)$ 的波形。

② 描绘出过阻尼状态下，即当 W901 的阻值 R=4kΩ 时的波形。

六、实验报告要求

描绘 RLC 串联电路振荡、临界、阻尼三种状态下的 $u_c(t)$ 波形图，并将各实测数据列成表，与理论计算值进行比较。

1.8　矩形脉冲信号的分解

一、实验目的

1. 分析典型的矩形脉冲信号，了解矩形脉冲信号谐波分量的构成。
2. 观察矩形脉冲信号通过多个数字滤波器后，分解出各谐波分量的情况。

二、实验设备

1. 双踪示波器 1 台。
2. 信号与系统实验箱 1 台。

三、实验原理

1. 信号的频谱与测量。

信号的时域特性和频域特性是对信号的两种不同的描述方式。对于一个时域的周期信号 $f(t)$，只要满足狄利克雷(Dirichlet)条件，就可以将其展开成三角函数形式或指数函数形式的傅里叶级数。

例如，对于一个周期为 T 的时域周期信号 $f(t)$，可以用三角形式的傅里叶级数求出它的各次分量，在区间 $(t_1, t_1 + T)$ 内表示为

$$f(t) = a_0 + \sum_{n=1}^{\infty} (a_n \cos n\Omega t + b_n \sin n\Omega t) \tag{1.8.1}$$

即将信号分解成直流分量及许多余弦分量和正弦分量。其中，Ω 表示基波频率。

信号的时域特性与频域特性之间有着密切的内在联系，这种联系可以用图 1.8.1 来形象地表示。其中图 1.8.1(a)是信号在幅度-时间-频率三维坐标系统中的图形；图 1.8.1(b)是信号在幅度-时间坐标系统中的图形，即波形图；把周期信号分解得到的各次谐波分量按频率的高低排列，就可以得到频谱图。反映各频率分量幅度的频谱称为幅度频谱。图 1.8.1(c)是信号在幅度-频率坐标系统中的图形，即幅度频谱图。反映各分量相位的频谱称为相位频谱。在本实验中只研究信号幅度频谱。周期信号的幅度频谱有三个性质：离散性、谐波性、收敛性。从幅度频谱图上可以直观地看出各频率分量所占的比例。测量时就利用了这些性质。测量方法有同时分析法和顺序分析法。

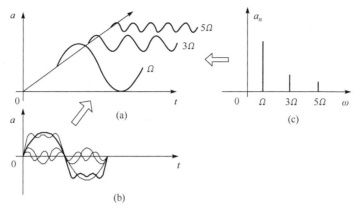

图 1.8.1　信号的时域特性和频域特性

同时分析法的基本工作原理是利用多个滤波器，把它们的中心频率分别调到被测信号的各个频率分量上。当被测信号同时加到所有滤波器上时，中心频率与信号所包含的某次谐波分量频率一致的滤波器便有输出。在被测信号发生的实际时间内可以同时测得信号所包含的各频率分量。在本实验中采用同时分析法进行频谱分析，如图 1.8.2 所示。

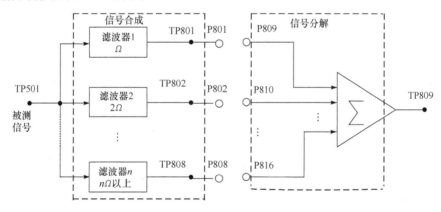

图 1.8.2　用同时分析法进行频谱分析

其中，P801 出来的是基频信号，即基波；P802 出来的是二次谐波；P803 出来的是三次谐波，……，以此类推。

2. 矩形脉冲信号的频谱。

一个幅度为 E，脉冲宽度为 τ，重复周期为 T 的矩形脉冲信号，如图 1.8.3 所示。

图 1.8.3　周期性矩形脉冲信号

其傅里叶级数为

$$f(t) = \frac{E\tau}{T} + \frac{2E\tau}{T}\sum_{i=1}^{n}\mathrm{Sa}\left(\frac{n\pi\tau}{T}\right)\cos(n\omega t) \tag{1.8.2}$$

该信号的第 n 次谐波的幅度为

$$a_n = \frac{2E\tau}{T}\mathrm{Sa}\left(\frac{n\tau\pi}{T}\right) = \frac{2E\tau}{T}\frac{\sin(n\tau\pi/T)}{n\tau\pi/T} \tag{1.8.3}$$

由式(1.8.3)可见,第 n 次谐波的幅度与 E、T、τ 有关。

3. 信号的分解和提取。

进行信号分解和提取是滤波系统的一项基本任务。当我们仅对信号的某些分量感兴趣时,可以利用选频滤波器,提取其中有用的部分,而将其他部分滤去。

目前 DSP 系统构成的数字滤波器已基本取代了传统的模拟滤波器,数字滤波器与模拟滤波器相比具有许多优点。用 DSP 构成的数字滤波器具有灵活性高、精度高、稳定性好、体积小、性能高、便于实现等优点。因此在这里选用了数字滤波器来实现信号的分解。

在数字滤波器模块上,选用了有 8 路输出的 D/A 转换器 TLV5608(U502),因此设计了 8 个滤波器(一个低通、六个带通、一个高通)将复杂信号分解,提取某几次谐波。

分解输出的 8 路信号可以用示波器观察,测量点分别是 TP801、TP802、TP803、TP804、TP805、TP806、TP807、TP808。

四、实验内容

1. 将 J701 置于“方波”位置,连接 P702 与 P101。

2. 按下选择键 SW102,此时在数码管 SMG101 上将显示数字,继续按下按钮,直到显示数字“5”。

3. 矩形脉冲信号的脉冲幅度 E 和频率 f 按要求给出,改变信号的脉宽 τ,测量不同 τ 时信号频谱中各分量的大小。

示波器可分别在 TP801、TP802、TP803、TP804、TP805、TP806、TP807 和 TP808 上观测信号各次谐波的波形。

根据表 1.8.1、表 1.8.2 中给定的数值进行实验，并记录实验获得的数据填入表中。

表 1.8.1　$\dfrac{\tau}{T}=\dfrac{1}{2}$ 的矩形脉冲信号的频谱

$f=4\text{kHz}$ ，$T=$　μs ，$\dfrac{\tau}{T}=\dfrac{1}{2}$ ，$\tau=$　μs ，$E=4\text{V}$

谐波频率/kHz		$1f$	$2f$	$3f$	$4f$	$5f$	$6f$	$7f$	$8f$以上
理论值	电压有效值								
	电压峰-峰值								
测量值	电压有效值								
	电压峰-峰值								

表 1.8.2　$\dfrac{\tau}{T}=\dfrac{1}{4}$ 的矩形脉冲信号的频谱

$f=4\text{kHz}$ ，$T=$　μs ，$\dfrac{\tau}{T}=\dfrac{1}{4}$ ，$\tau=$　μs ，$E=4\text{V}$

谐波频率/kHz		$1f$	$2f$	$3f$	$4f$	$5f$	$6f$	$7f$	$8f$以上
理论值	电压有效值								
	电压峰-峰值								
测量值	电压有效值								
	电压峰-峰值								

注意：在调节输入信号的参数值(频率、幅度等)时，需在 P702 与 P101 连接后，用示波器在 TP101 上观测调节。S704 按钮为占空比选择按钮，每按下一次可以选择不同的占空比输出。

(1) $\dfrac{\tau}{T}=\dfrac{1}{2}$：$\tau$ 的数值按要求调整，测得信号频谱中各分量的大小，其数据按表的要求记录。

(2) $\dfrac{\tau}{T}=\dfrac{1}{4}$：矩形脉冲信号的脉冲幅度 E 和频率 f 不变，τ 的数值按要求调整，测得信号频谱中各分量的大小，其数据按表的要求记录。

注意：4 个跳线器 K801、K802、K803、K804 应放在左边位置。4 个跳线器的功能为：当置于左边位置时，只是连通；当置于右边位置时，可分别通过 W801、W802、W803、W804 调节各路谐波的幅度大小。

五、实验报告要求

1. 按要求记录各实验数据，填写表 1.8.1、表 1.8.2。

2. 描绘三种被测信号的幅度频谱图。

六、思考题

1. $\dfrac{\tau}{T} = \dfrac{1}{4}$ 的矩形脉冲信号在哪些谐波分量上幅度为零？请画出基波信号频率为 5kHz 的矩形脉冲信号的频谱图（取最高频率点为 10 次谐波）。

2. 要提取一个 $\dfrac{\tau}{T} = \dfrac{1}{4}$ 的矩形脉冲信号的基波和 2、3 次谐波，以及 4 次以上的高次谐波，你会选用几个什么类型（低通？带通？…）的滤波器？

1.9　矩形脉冲信号的合成

一、实验目的

1. 进一步了解波形分解与合成的原理。

2. 掌握用傅里叶级数进行谐波分析的方法。

3. 观察矩形脉冲信号分解出的各谐波分量可以通过叠加合成出原矩形脉冲信号的过程。

二、实验设备

1. 信号与系统实验箱 1 台。

2. 双踪示波器 1 台。

三、实验原理

实验原理部分参考实验 1.8：矩形脉冲信号的分解实验。

矩形脉冲信号通过 8 路滤波器输出的各次谐波分量可通过一个加法器合成，还原为原输入的矩形脉冲信号，合成后的波形可以用示波器在观测点 TP809 进行观测。如果滤波器设计正确，则分解前的原始信号（观测 TP101）和合成后的信号应该相同。信号波形的合成电路图如图 1.9.1 所示。

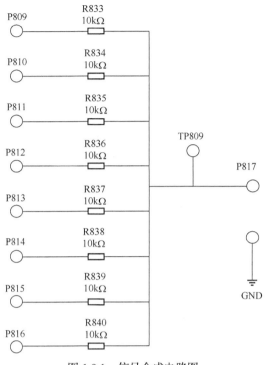

图 1.9.1　信号合成电路图

在信号合成的部分中，把分解输出的各次谐波信号连接输入至合成部分，在合成的输出测量点 TP809 上可观察到合成后的信号波形。此模块上还有四个开关，K801、K802、K803、K804。这四个开关的作用是用于选择是否对分解出的 1 次、3 次、5 次、7 次谐波幅度进行放大，以便于研究谐波幅度对信号合成的影响。当开关位于 1、2 位置（左侧）时，对分解的各次谐波不放大，当开关位于 2、3 位置时，可通过相应电位器调节谐波分量的幅度。如：对于输出的基波分量，当开关 K801 位于 1、2 位置时，电位器 W801 不起任何作用，直接把分解提取到的基波输出；当开关 K801 位于 2、3 位置时，分解提取到的基波分量可通过电位器 W801 来调节它的输出幅度的大小。

四、实验内容

观察和记录信号的合成：注意 4 个跳线器 K801、K802、K803、K804 放在左边位置，即不对分解的各次谐波的幅度进行放大，直接把分解提取到的各阶谐波输入到合成模块的输入端口。

五、实验步骤

1. 输入的矩形脉冲信号 $f = 4\text{kHz}$ ，$\dfrac{\tau}{T} = \dfrac{1}{2}$（$\dfrac{\tau}{T} = \dfrac{1}{2}$ 的矩形脉冲信号又称为方波信号），$E = 4\text{V}$ 。

2. 电路中用 8 根导线分别控制各路滤波器输出的谐波是否参加信号合成，用导线把 P801 与 P809 连接起来，则基波参与信号的合成。用导线把 P802 与 P810 连接起来，则二次谐波参与信号的合成，以此类推，若 8 根导线依次连接 P801–P809、P802–P810、P803–P811、P804–P812、P805–P813、P806–P814、P807–P815、P808–P816，则各次谐波全部参与信号合成。另外可以选择多种组合进行波形合成，例如，可选择基波和三次谐波的合成；可选择基波、三次谐波和五次谐波的合成等。

3. 按表 1.9.1 的要求，在输出端观察和记录不同谐波组合的合成结果，调节电位器 W805 可改变合成后信号的幅度。

表 1.9.1　矩形脉冲信号的各次谐波之间的合成

波形合成要求	合成后的波形
基波与三次谐波合成	
三次与五次谐波合成	
基波与五次谐波合成	
基波、三次与五次谐波合成	
基波、二、三、四、五、六、七及八次以上高次谐波的合成	
没有二次谐波的其他谐波合成	
没有五次谐波的其他谐波合成	
没有八次以上高次谐波的其他谐波合成	

六、实验报告要求

1. 据示波器上的显示结果，画图填写表 1.9.1。
2. 以矩形脉冲信号为例，总结周期信号的分解与合成原理。

七、思考题

方波信号在哪些谐波分量上幅度为零？请画出信号频率为 2kHz 的方波信号的频谱图（取最高频率点为 10 次谐波）。

1.10 二阶网络状态轨迹的显示

一、实验目的

1. 掌握观察二阶电路状态轨迹的方法。
2. 检验根据给定任务,自行拟定实验方案的能力。

二、实验设备

1. 双踪示波器 1 台。
2. 信号与系统实验箱 1 台。
3. 万用表。

三、实验原理

任何变化的物理过程在第一时刻所处的“状态”(状况、形态或姿态),都可以用若干称为“状态变量”的物理量来描述。电路也不例外,若一个含储能元件的网络在不同时刻各支路电压、电流都在变化,那么电路在不同时刻所处的状态也不相同。在电路中一般选电容的电压和电感的电流为状态变量,所以了解电路中 U_C 和 i_L 的变化就可以了解电路状态的变化。

对 n 阶网络,可以用 n 个状态变量来描述。设想一个 n 维空间,每一维表示一个状态变量,构成一个“状态空间”。网络在每一时刻所处的状态可以用状态空间中的一个点来表达,随着时间的变化,点的移动形成一个轨迹,称为“状态轨迹”。二阶网络的状态空间就是一个平面,状态轨迹是平面上的一条曲线。电路参数不同,状态轨迹也不相同,电路处于过阻尼、欠阻尼和临界阻尼情况的波形和状态轨迹如图 1.10.1～图 1.10.3 所示。

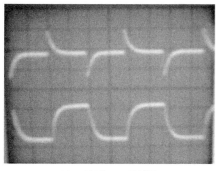
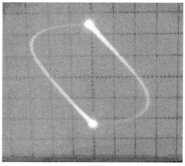

(a) $-i_L$(上)和 $-U_C$(下)波形   (b) 状态轨迹

图 1.10.1 RLC 电路在过阻尼时的波形和状态轨迹

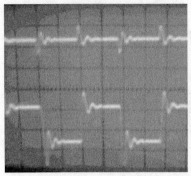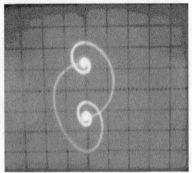

(a) $-i_L$(上)和$-U_C$(下)波形   (b) 状态轨迹

图 1.10.2　RLC 电路在欠阻尼时的波形和状态轨迹

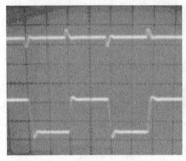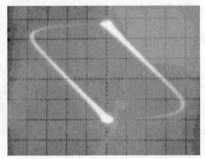

(a) $-i_L$(上)和$-U_C$(下)波形   (b) 状态轨迹

图 1.10.3　RLC 电路在临界阻尼时的波形和状态轨迹

图 1.10.1 (a) 中上面为过阻尼 $-i_L(t)$ 波形, 下面为过阻尼 $-U_C(t)$ 波形, 图 1.10.1 (b) 为过阻尼状态轨迹图。

图 1.10.2 (a) 上面为欠阻尼 $-i_L(t)$ 的波形, 下面为欠阻尼 $-U_C(t)$ 波形。图 1.10.2 (b) 为欠阻尼状态轨迹图。

图 1.10.3 (a) 上面为临界阻尼 $-i_L(t)$ 波形, 下面为临界阻尼 $-U_C(t)$ 波形, 图 1.10.3 (b) 为临界阻尼状态轨迹图。

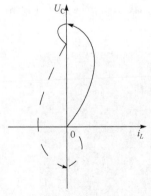

图 1.10.4　状态轨迹

四、实验内容

用示波器显示二阶网络状态轨迹的原理与显示李萨茹图形完全一样。在实验中采用方波作为激励源, 使过渡过程能重复出现, 以便于用一般示波器来进行观察。

对于方波激励信号, 由于它有正负两次跳变, 因此所观察到的状态轨迹如图 1.10.4 所示, 图中实线部分对应于正跳变引起的状态变化，虚线部分则是与负跳变相应的状态变化。

五、实验步骤

实验电路图如图 1.10.5 所示。

1. 连接 P702 与 P910，P702 与 P101（P101 为毫伏表信号输入插孔）。

2. J702 置于"脉冲"，拨动开关 K701 选择"脉冲"。

3. 按动 S702 按钮，使频率为 1kHz，调节电位器 W701 使输出幅度为 2V。

4. 示波器工作方式为 "X-Y"，CH1 "+" 接地，"−" 接 TP905，CH2 "+" 接 TP904， "−" 接于 TP905 处，并且 CH2 波形反向（按下 CH2 INR）。

5. 调整 W901，使电路工作于不同状态（欠阻尼、临界阻尼、过阻尼）。可观察到如图 1.10.1(b)、图 1.10.2(b) 及图 1.10.3(b) 所示的状态轨迹图。

注：当用万用表测量可变电阻 W901 的电阻值时，信号源要撤离（断开 P702 与 P910 之间的连接）。

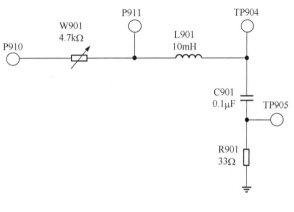

图 1.10.5　二阶网络状态轨迹实验电路图

六、实验报告要求

绘制不同电路的状态轨迹，并分析实验结果。

第 2 章　基于 MATLAB 的信号与系统实验

2.1　基本时间信号的 MATLAB 表示

一、实验目的

1. 掌握用 MATLAB 产生及表示常用连续时间信号的方法。
2. 掌握用 MATLAB 生成和表示离散时间信号的方法。
3. 观察并熟悉常用信号的波形特点。

二、实验原理

信号是消息的载体，是消息的一种表现形式。信号可以是多种多样的，通常表现为时间的函数，按照自变量的取值是连续和离散的，可以将信号分为连续时间信号和离散时间信号，一般用 $x(t)$ 或 $x[n]$ 来表示。

1. 连续时间信号的 MATLAB 描述。

连续时间信号是指自变量的取值范围是连续的，且对于一切自变量的取值，除了有若干不连续点，信号都有确定的值与之对应。严格来说，MATLAB 并不能处理连续时间信号，而是用等时间间隔的样值点来近似地表示连续信号。当取样时间间隔足够小时，这些离散的样值就能较好地近似连续时间信号。在 MATLAB 中，连续信号的表示方法有两种，即向量表示法和符号运算表示法。

1）向量表示法

对于连续时间信号 $f(t)$，可以用两个行向量 f 和 t 来表示，其中向量 t 是用命令 $t = t_1 : \Delta t : t_2$ 定义的时间向量，t_1 为信号起始时间，t_2 为终止时间，Δt 为时间间隔。向量 f 为连续信号 $f(t)$ 在向量 t 所定义的时间点上的样值。用绘图命令 plot 函数绘制 $f(t)$ 函数表示的信号波形。

例 2.1.1　用 MATLAB 绘制采样信号 $f(t) = \mathrm{Sa}(t) = \dfrac{\sin(t)}{t}$ 的波形程序如下：

```
t=-30:0.1:30        %定义时间 t 的取值范围：-30 ~ 30,取样间隔为 0.1
f=sin(t). /t;       %定义信号表达式
plot(t,f);          %以 t 为横坐标，f 为纵坐标绘制波形
```

```
grid on
xlabel('t')
```
运行结果如图 2.1.1 所示。

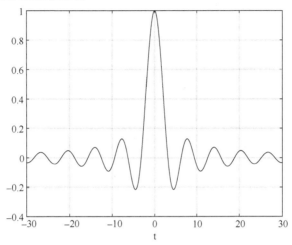

图 2.1.1 采样信号的波形

2) 符号运算表示法

如果信号可以用一个符号表达式来表示，则可用 ezplot 函数来绘制出信号的波形。例如，$f(t) = \mathrm{Sa}(t) = \dfrac{\sin(t)}{t}$ 可以用符号表达式表示为

```
f=sym('sin(t)/t');
ezplot(f,[-30,30])
```
用符号法可以绘制和向量法同样的信号波形。

MATLAB 提供了大量生成基本信号的函数，如表 2.1.1 所示。

表 2.1.1 常用的连续信号及 MATLAB 函数

函数名	功能	函数名	功能
sin/asin	产生正弦/反正弦信号	heaviside	产生单位阶跃信号
cos/acos	产生余弦/反余弦信号	dirac	产生单位冲激信号
tan/atan	产生正切/反正切信号	chip	产生调频余弦信号
cot/acot	产生余切/反余切信号	pulstran	产生脉冲串
exp	产生指数信号	sawtooth	产生周期锯齿波
sinc	产生 sinc 信号	square	产生周期方波
tripuls	产生非周期三角波	rectpuls	产生非周期方波

2. 离散时间信号的描述。

离散信号通常来源于对模拟信号的采样，是一种自变量取离散值而函数取值为连续值的信号。离散信号的绘制一般用 stem 函数，MATLAB 只能表示一定时间范围内的有限长度的信号。

(1)离散时间单位阶跃信号 $u[n]$ 定义为

$$u[n] = \begin{cases} 1, & n \geqslant 0 \\ 0, & n < 0 \end{cases}$$

离散时间单位阶跃信号 $u[n]$ 可以利用 MATLAB 内部函数 ones$(1,N)$ 来实现。这个函数类似于 zeros$(1,N)$，所不同的是它产生的矩阵的所有元素都为 1。用 MATLAB 产生单位阶跃信号并绘制信号波形的程序如下：

```
n=-10:10;
y=[zeros(1,10),ones(1,11)];
subplot(1,2,1),stem(n,y)
grid on
xlabel('n')
ylabel('u[n]')
axis([-10 10 -0.2 1.2])
```

(2) 单位冲激序列的定义为

$$\delta[n] = \begin{cases} 1, & n = 0 \\ 0, & n \neq 0 \end{cases}$$

其对应的 MATLAB 程序为

```
n=-10:10;
y=[zeros(1,10),1,zeros(1,10)];
subplot(1,2,2),stem(n,y)
grid on
xlabel('n')
ylabel('\delta[n]')
axis([-10 10 -0.2 1.2])
```

单位阶跃序列和单位冲激序列的波形如图 2.1.2 和图 2.1.3 所示。

值得注意的是,利用 ones$(1,N)$ 来实现的单位阶跃序列并不是真正的单位阶跃序列，而是一个长度为 N 的单位门(Gate)序列，也就是 $u[n]-u[n-N]$。但是在一个有限的图形窗口中，我们看到的还是一个单位阶跃序列。

如果在程序的 stem(n,x,'.')语句中加有'.'选项，可以使绘制的图形中每根线的顶端是一个实心点。

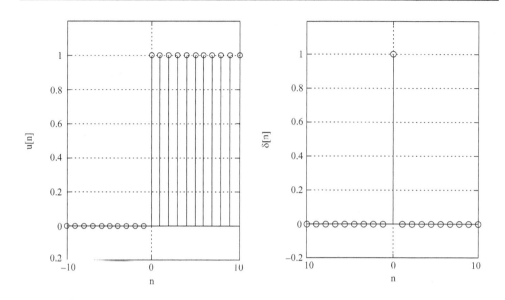

图 2.1.2　单位阶跃序列　　　　　　图 2.1.3　单位冲激序列

如果需要在序列的前后补较多的零，可以利用函数 zeros ()，其语法如下。

zeros (1, N)：圆括号中的 1 和 N 表示该函数将产生一个一行 N 列的矩阵，矩阵中的所有元素均为零。利用这个矩阵与序列 $x[n]$ 进行组合，从而得到一个长度与 n 相等的向量。

三、实验内容

1. 利用 MATLAB 画出下列连续时间信号的波形。

（1）　$2\cos(3t + \pi/4)$

（2）　$(2 - e^{-t})u(t)$

（3）　$[1 + \cos(\pi t)][u(t) - u(t-2)]$

2. 产生幅度为 1、周期为 5、占空比为 50% 的周期矩形信号，并画出信号的波形。

3. 画出下列离散时间信号的波形。

（1）　$(2 - 0.4^{-n})u[n]$

（2）　$(-1.5)^n \sin(0.2\pi n)$

四、实验报告要求

1. 简述实验的原理和 MATLAB 函数的使用方法。

2. 给出实验内容部分的程序源代码及运行结果图。

2.2　连续时间信号的时域运算及 MATLAB 实现

一、实验目的

1. 掌握运用 MATLAB 进行连续时间信号的时移、反褶和尺度变换。
2. 掌握运用 MATLAB 进行连续时间信号的微分、积分运算。
3. 掌握运用 MATLAB 进行连续时间信号的相加、相乘运算。

二、实验原理及实例分析

1. 信号的时移、反褶和尺度变换。

信号的时移、反褶和尺度变换是针对自变量时间而言的，其数学表达式和波形变换中存在着一定的变化规律。从数学表达式上来看，信号的上述所有计算都是自变量的替换过程。所以，在使用 MATLAB 进行连续时间信号的运算时，只需要进行相应的变量代换即可完成相关工作。

1）时移

对于 $y(t) = x(t - t_0)$，其中，t_0 为位移量，当 $t_0 > 0$ 时，$y(t)$ 为 $x(t)$ 右移 t_0 时刻之后的结果，当 $t_0 < 0$ 时，$y(t)$ 为 $x(t)$ 左移 $|t_0|$ 时刻之后的结果。

在 MATLAB 中，时移运算与数学上的习惯表达方法完全相同。例如，$y(t) = e^{-0.5(t+2)}u(t+2)$ 的 MATLAB 程序为

```
clear;
t = -5:0.01:5;
x = exp(-0.5*t).*heaviside(t);
x1 = exp(-0.5*(t+2)).*heaviside(t+2);
subplot(211)
plot(t,x)
title ('原信号 x(t)')
xlabel ('t')
grid on
subplot (212)
plot (t,x1)
title (' x(t)左移 2')
xlabel (' t ')
grid on
```

信号的时移如图 2.2.1 所示。

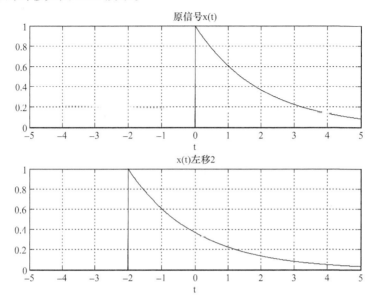

图 2.2.1　信号的时移

若信号的自变量的范围和 t 的范围相同，则不能用上述方法，如将 $x(t) = e^{-0.5t}$ 进行左移得到 $x_1(t) = e^{-0.5(t+2)}$ 后，还需要对 x_1 的时间变量重新定义。由于函数的平移可看作函数时间向量的平移，而对应的样值不变，当函数左移时，所有时间序号都减小 $|t_0|$ 个单位，反之，则增加 t_0 个单位。因此可用如下方式实现：

```
t1=t+t0;
x1=x;
plot(t1,x1)
```
注意：函数左移时，$t_0<0$，即 $t-|t_0|$；函数右移时，$t_0>0$。

2）反褶

连续信号的反褶是指将信号以纵坐标为轴进行反褶，即将信号的自变量换为 $-t$。其 MATLAB 实现为

```
y=subs(f,t,-t)
```
其中，f 为符号表达式的连续时间信号，t 为符号变量，表示时间。

3）尺度变换

连续信号的尺度变换是将信号的横坐标进行展宽和压缩变换。其 MATLAB 的实现为

```
y=subs(f,a*t)
```

其中，a 为尺度因子。

2. 连续时间信号的微分和积分。

符号运算工具箱具有强大的积分运算和求导功能。连续时间信号的微分运算，可使用 diff 函数来完成，其语句格式为

```
diff (function, 'variable',n)
```

其中，function 表示需要进行求导运算的函数，或者被赋值的符号表达式；variable 为求导运算的独立变量；n 为求导阶数，默认值为一阶导数。

连续时间信号积分运算可以使用 int 函数来完成，其语句格式为

```
int(function, 'variable', a,b)
```

其中，function 表示被积函数，或者被赋值的符号表达式；variable 为积分变量；a 为积分下限，b 为积分上限，a 和 b 取默认值时则求不定积分。

3. 信号的相加和相乘运算。

信号的相加和相乘是信号在同一时刻取值的相加和相乘。因此 MATLAB 对于时间信号的相加和相乘都是基于向量的点运算。

1）相加

连续信号的相加（图 2.2.2），是指两个信号的对应时刻值相加，即 $f(t) = f_1(t) + f_2(t)$。例如，求 $s(t) = \sin(t) + \sin(2t)$ 的 MATLAB 程序为

```
syms t
f1=sym('sin(t)');
f2=sym('sin(2*t)');
s=f1+f2;
ezplot(s,[-2*pi 2*pi])
grid on
xlabel('t')
```

2）信号的相乘

连续信号的相乘（图 2.2.3）是指两信号的对应时刻相乘，即 $f(t) = f_1(t) \times f_2(t)$。$s(t) = \sin(t) \times \sin(2t)$ 的 MATLAB 程序为

```
syms t
f1=sym('sin(t)');
f2=sym('sin(2*t)');
s=f1.*f2;
ezplot(s,[-2*pi 2*pi])
grid on
xlabel('t')
```

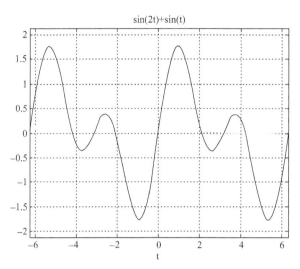

图 2.2.2　信号的相加

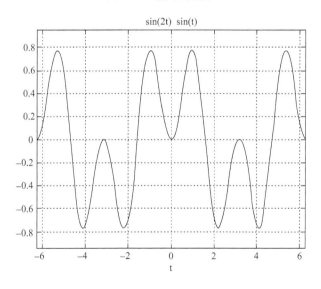

图 2.2.3　信号的相乘

三、实验内容

1. 已知信号 $f(t) = (1 + \dfrac{t}{2}) \times [u(t+2) - u(t-2)]$，用 MATLAB 求 $f(t+2)$、$f(t-2)$、$f(-t)$、$f(2t)$、$f(-3t-2)$，并绘出其时域波形。

2. 使用微分命令求 $y(t) = t\sin(t)\ln(t)$ 关于时间的一阶导数；使用积分命令计算不定积分 $\int (x^5 - ax^2 + \dfrac{\sqrt{x}}{2})\mathrm{d}x$ ，定积分 $\int_0^1 \dfrac{x\mathrm{e}^x}{(1+x)^2}\mathrm{d}x$ 。

3. 已知 $f_1(t) = \sin(\Omega t), f_2(t) = \sin(8\Omega t)$ ，使用 MATLAB 画出两信号之和及两信号乘积的波形图。其中， $\dfrac{\Omega}{2\pi} = 1\mathrm{Hz}$ 。

四、实验报告要求

1. 格式：实验名称、实验目的、实验原理、程序运行环境、实验内容（代码及结果图形）、实验思考等。

2. 给出程序代码及实验仿真结果，并对结果进行分析。

2.3　连续时间信号的卷积

一、实验目的

1. 掌握两个连续时间信号卷积的计算方法和编程技术。

2. 进一步熟悉用 MATLAB 描绘二维图形的方法。

二、实验原理

卷积积分在信号与线性系统分析中具有非常重要的意义，是信号与系统分析的基本方法之一。

1. 卷积的定义

连续时间信号 $f_1(t)$ 和 $f_2(t)$ 的卷积积分（简称为卷积） $f(t)$ 定义为

$$f(t) = f_1(t) * f_2(t) = \int_{-\infty}^{\infty} f_1(\tau) f_2(t - \tau)\mathrm{d}\tau \tag{2.3.1}$$

2. 线性时不变（LTI）系统的单位冲激响应

给定一个连续时间 LTI 系统，在系统的初始条件为零时，用单位冲激信号 $\delta(t)$ 作用于系统，此时系统的响应信号称为系统的单位冲激响应（unit impulse response），一般用 $h(t)$ 来表示。需要强调的是，系统的单位冲激响应是在激励信号为 $\delta(t)$ 时的零状态响应（zero–state–response）。

系统的单位冲激响应是一个非常重要的概念。对于 LTI 系统，如果已知一个系统的单位冲激响应，那么该系统对任意输入信号的响应信号都可以借助单位冲激响应求得。

3. 卷积的意义

对于 LTI 系统，根据系统的线性和时不变性以及信号可以分解成单位冲激函数的特性可以得出，任意 LTI 系统可以完全由它的单位冲激响应 $h(t)$ 来确定，系统的输入信号 $x(t)$ 和输出信号 $y(t)$ 之间的关系可以用卷积运算来描述，即

$$y(t) = \int_{-\infty}^{\infty} x(\tau)h(t-\tau)\mathrm{d}\tau \tag{2.3.2}$$

由于系统的单位冲激响应是零状态响应，故按照式(2.3.2)求得的系统响应也是零状态响应，它是描述连续时间系统输入输出关系的一个重要关系式。

4. MATLAB 实现卷积的函数说明

利用 MATLAB 的内部函数 conv() 可以很容易地完成两个信号的卷积积分运算。其调用格式为

$$y = \mathrm{conv}(x,h)$$

其中，x 和 h 分别是两个参与卷积运算的信号；y 为卷积结果。

为了正确地运用这个函数计算卷积，这里对 $\mathrm{conv}(x,h)$ 进行详细说明。$\mathrm{conv}(x,h)$ 函数实际上是完成两个多项式的乘法运算。

例如，两个多项式 p_1 和 p_2 分别为 $p_1 = s^3 + 2s^2 + 3s + 4$ 和 $p_2 = 4s^3 + 3s^2 + 2s + 1$。

这两个多项式在 MATLAB 中是用它们的系数构成一个行向量来表示的，用 x 来表示多项式 p_1，h 表示多项式 p_2，则 x 和 h 分别为

$$x = [1 \quad 2 \quad 3 \quad 4]$$
$$h = [4 \quad 3 \quad 2 \quad 1]$$

在 MATLAB 命令窗口依次键入：

```
x = [1  2  3  4];
h = [4  3  2  1];
y=conv(x,h)
```

在屏幕上得到显示结果：

```
y =  4    11    20    30    20    11    4
```

这表明，多项式 p_1 和 p_2 的乘积为

$$p_3 = 4s^6 + 11s^5 + 20s^4 + 30s^3 + 20s^2 + 11s + 4$$

用 MATLAB 处理连续时间信号时，时间变量 t 的变化步长应该很小。假定用符号 dt 表示时间变化步长，那么用函数 conv() 作两个信号的卷积积分时，应该在这个函数之前乘以时间步长方能得到正确的结果。也就是说，卷积积分正确的语句形式应为

```
y = dt*conv(x,h)
```

对于定义在不同时间段的两个时限信号 $x(t)$ $(t_1 \leqslant t \leqslant t_2)$ 和 $h(t)$ $(t_3 \leqslant t \leqslant t_4)$。如果用 $y(t)$ 来表示它们的卷积结果，则 $y(t)$ 的持续时间范围应为 $t_1 + t_3 \leqslant t \leqslant t_2 + t_4$。

在处理卷积结果的时间范围时，需要将结果的函数值与时间轴的位置和长度关系保持一致。

另外，用函数 conv（）计算得到的卷积结果的信号长度为参与卷积的两函数长度之和减 1。

有时候，参与卷积运算的两个函数，可能有一个或者两个都很长，甚至是无限长，MATLAB 处理这样的函数时，总是把它看作一个有限长序列，具体长度由编程者确定。实际上，在信号与系统分析中所遇到的无限函数，通常都是满足绝对可积条件的信号，因此，对信号采取这种截断处理尽管存在误差，但是通过选择合理的信号长度，能够将误差减小到可以接受的程度。

三、实验内容

1. 已知两个连续时间信号如图 2.3.1 所示，绘制信号 $f_1(t)$、$f_2(t)$ 及卷积结果 $f(t)$ 的波形；设时间变化步长 dt 分别取为 0.5、0.1、0.01，思考当 dt 取多少时，程序的计算结果就是连续时间卷积的较好近似。

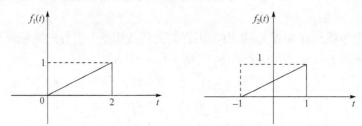

图 2.3.1　连续时间信号

2. 计算信号 $f_1(t) = \mathrm{e}^{-at}u(t)$ （$a=1$）和 $f_2(t) = \sin tu(t)$ 的卷积 $f(t)$，$f_1(t)$、$f_2(t)$ 的时间范围取为 0～10，步长值取为 0.1，绘制三个信号的波形。

四、实验报告要求

1. 简述实验的原理和 MATLAB 函数的使用方法。
2. 给出实验内容部分程序源代码及运行结果图。
3. 分析在仿真时取不同的步长对实验结果的影响。

2.4　离散序列卷积和的 MATLAB 实现

一、实验目的

1. 掌握卷积和的计算机编程方法，利用 MATLAB 实现两个离散序列的卷积和。

2. 利用卷积和求离散系统的响应，观察、分析系统的时域特性。

二、实验原理

两个离散序列卷积和的定义为

$$f[k] = f_1[k] * f_2[k] = \sum_{i=-\infty}^{\infty} f_1[i] \cdot f_2[k-i] \tag{2.4.1}$$

定义式 (2.4.1) 可以看作是：将序列 $f_2[i]$ 的时间轴反褶并将其移位 k 个样本，然后将移位后的 $f_2[k-i]$ 乘以 $f_1[i]$ 并在 i 上将所得到的乘积序列相加。这种说法直接来自离散时间系统的线性和时不变性质。信号 $f_1[k]$ 可以看成是由延时和加权脉冲的线性叠加所构成，因为一个 LTI 系统能够用它对单个脉冲的响应来表示，那么一个 LTI 系统的输出就应该是系统对构成 $f_1[k]$ 的每一个延时和加权脉冲的响应的叠加。在数学上，这个结果就是卷积和。

在离散信号与系统的分析过程中，有两个与卷积和相关的重要结论，即：

1) $f[k] = \sum_{i=-\infty}^{\infty} f[i] \cdot \delta[k-i] = f[k] * \delta[k]$，即离散序列可分解为一系列幅度由 $f[k]$ 决定的单位序列 $\delta[k]$ 及其移位序列之和。

2) 对线性时不变系统，设其输入序列为 $f[k]$，单位冲激响应为 $h[k]$，其零状态响应为 $y[k]$，则有：$y[k] = \sum_{i=-\infty}^{\infty} f[i] \cdot h[k-i] = f[k] * h[k]$

可见，离散序列卷积和的计算对离散信号与系统的分析具有非常重要的意义。

设序列 $f_1[k]$ 在区间 $n_1 \sim n_2$ 非零，$f_2[k]$ 在区间 $m_1 \sim m_2$ 非零，则 $f_1[k]$ 的时域宽度为 $L_1 = n_2 - n_1 + 1$，$f_2(k)$ 的时域宽度为 $L_2 = m_2 - m_1 + 1$。由卷积和的定义可得，序列 $f[k] = f_1[k] * f_2[k]$ 的时域宽度为 $L = L_1 + L_2 - 1$，且只在区间 $(n_1 + m_1) \sim n_1 + m_1 + (L_1 + L_2) - 2$ 非零。因此，对于 $f_1[k]$ 和 $f_2[k]$ 均为有限期间非零的情况，只需要计算序列 $f[k]$ 在区间 $(n_1 + m_1) \sim n_1 + m_1 + (L_1 + L_2) - 2$ 的序列值，便可以表征整个序列 $f[k]$。

在 MATLAB 中，利用 conv ( ) 函数可以快速求出两个离散序列的卷积和。conv ( ) 函数的调用格式为

```
f=conv (f1,f2 )
```

其中 f1 为包含序列 $f_1[k]$ 的非零样值点的行向量，f2 为包含序列 $f_2[k]$ 的非零样值点的行向量，向量 f 为返回序列 $f[k] = f_1[k] * f_2[k]$ 的所有非零样值点的行向量。

例 2.4.1 已知序列 $f_1[k]$ 和 $f_2[k]$ 如下所示：

$$f_1[k] = \begin{cases} 1, & 0 \leqslant k \leqslant 2 \\ 0, & \text{其他} \end{cases} \qquad f_2[k] = \begin{cases} 1, & k=1 \\ 2, & k=2 \\ 3, & k=3 \\ 0, & \text{其他} \end{cases}$$

调用 conv( ) 函数求上述两序列卷积和的 MATLAB 命令为

```
f1=ones(1,3);
f2=0:3;
f=conv(f1,f2)
```

运行结果为

```
f =
    0    1    3    6    5    3
```

由上例可以看出，函数 conv( ) 不需要给定序列 $f_1[k]$ 和 $f_2[k]$ 非零样值点的时间序号，也不返回序列 $f[k] = f_1[k] * f_2[k]$ 的非零样值点的时间序号。因此，要正确的标识出函数 conv( ) 的计算结果向量 f，还必须构造序列 $f_1[k]$、$f_2[k]$ 及 $f[k]$ 的对应时间序号向量。

对于上例，设序列 $f_1[k]$、$f_2[k]$ 及 $f[k]$ 的对应序号向量分别为 $k1, k2$ 和 k，则应有

$$k1=[0,1,2];$$
$$k2=[0,1,2,3];$$
$$k=[0,1,2,3,4,5];$$

如前所述，$f[k]$ 的序号向量 k 由序列 $f_1[k]$ 和 $f_2[k]$ 非零样值点的起始序号及它们的时域宽度决定。故上例最终的卷积和结果应为

$$f[k] = \begin{cases} 0, & k=0 \\ 1, & k=1 \\ 3, & k=2 \\ 6, & k=3 \\ 5, & k=4 \\ 3, & k=5 \\ 0, & \text{其他} \end{cases}$$

下面是利用 MATLAB 计算两离散序列卷积和 $f[k] = f_1[k] * f_2[k]$ 的比较实用的函数 dconv( )，该函数在计算出卷积和 $f[k]$ 的同时，还绘出序列 $f_1[k]$、$f_2[k]$ 及 $f[k]$ 的时域波形图，并返回 $f[k]$ 的非零样值点的对应向量。dconv 函数的程序如下。

```
function [f,k]=dconv(f1,f2,k1,k2)
%The function of compute f=f1*f2
%f  卷积和序列 f(k)对应的非零样值向量
%k  序列 f(k)的对应序号向量
%f1  序列 f1(k)非零样值向量
%f2  序列 f2(k)非零样值向量
%k1  序列 f1(k)的对应序号向量
%k2  序列 f2(k)的对应序号向量
f=conv(f1,f2)                    %计算序列 f1 与 f2 的卷积和 f
k0=k1(1)+k2(1);                  %计算序列 f 非零样值的起点位置
k3=length(f1)+length(f2)-2;     %计算卷积和 f 非零样值的宽度
k=k0:k0+k3;                      %确定卷积和 f 非零样值的序号向量
subplot(2,2,1);
stem(k1,f1)                      %在子图 1 绘序列 f1(k)的波形
title('f1(k)')
xlabel('k')
ylabel('f1[k])')
subplot(2,2,2);
stem(k2,f2)                      %在子图 2 绘序列 f2(k)的波形
title('f2(k)')
xlabel('k')
ylabel('f2[k]')
subplot(2,2,3);
stem(k,f);                       %在子图 3 绘序列 f(k)的波形
title('卷积和 f[k]')
xlabel('k')
ylabel('f[k]')
h=get(gca,'position');
h(3)=2.5*h(3);
set(gca,'position',h)            %将第三个子图的横坐标范围扩为
                                   原来的 2.5 倍
```

　　在实际应用中，可以将该函数对应的代码保存到用户的文件路径下，这样就可以像调用 MATLAB 内部函数一样来调用该函数。

　　例 2.4.2　试用 MATLAB 计算如下所示序列的卷积和 $f[k]$，绘出它们的时域波形。

f1[k]={1 2 1 0},f2[k]={ 1 1 1 1 1 0}

解：该问题可用上述介绍的 dconv()函数来解决，实现这一过程的命令如下：

```
f1=[1 2 1];
k1=[-1 0 1];
f2=ones(1,5);
k2=-2:2;
[f,k]=dconv(f1,f2,k1,k2)
```

运行结果(图2.4.1)：

```
f =

    1    3    4    4    4    3    1

k =

   -3   -2   -1    0    1    2    3
```

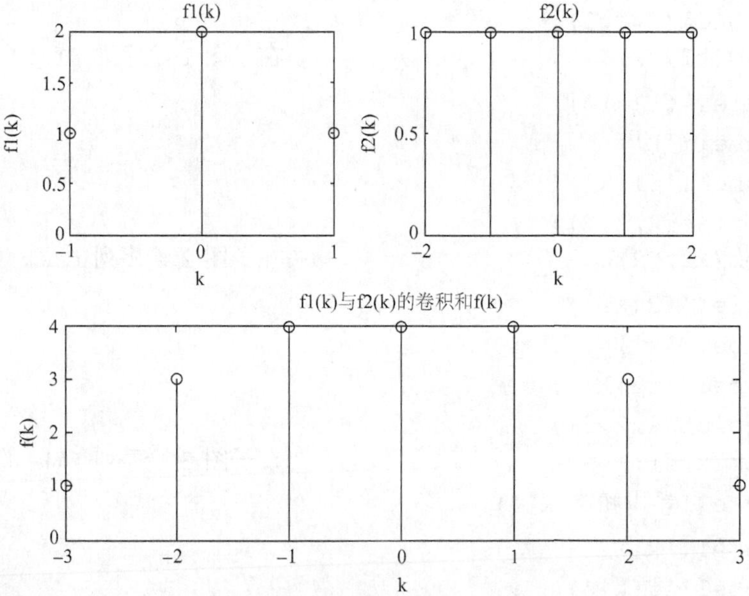

图 2.4.1　例 2.4.2 的运行结果

三、实验内容

1. 将实验原理中提到的例子在计算机上运行一遍。

2. 已知某 LTI 离散系统，其单位响应 $h[k]=u[k]-u[k-4]$，求该系统在激励为 $f[k]=u[k]-u[k-3]$ 时的零状态响应 $y[k]$，并绘出其时域波形图。

3. 如果上题 $h[k]=u[k]$，重做上题。(提示：时间序列无限长时，必须将其进行截断，如只保留 100 个样值点)

四、思考题

1. 观察实验内容 3 的计算结果，分析一下看所有的计算样值是否是真实的。

2. 尝试编写连续系统卷积计算的子程序。

由连续信号的时域分解可知，信号的卷积积分可用信号的分段求和来实现，即

$$f(t) = f_1(t) * f_2(t) = \int_{-\infty}^{\infty} f_1(\tau) \cdot f_2(t-\tau) d\tau = \lim_{\Delta \to 0} \sum_{k=-\infty}^{\infty} f_1(k\Delta) \cdot f_2(t-k\Delta)$$

如果我们只求当 $t = n\Delta$（n 为整数）时 $f(t)$ 的值 $f(n\Delta)$，则由上式可得

$$f(n\Delta) = \sum_{k=-\infty}^{\infty} f_1(k\Delta) \cdot f_2(t-k\Delta) = \sum_{k=-\infty}^{\infty} f_1(k\Delta) \cdot f_2[(n-k)\Delta]$$

上式中的 $\sum_{k=-\infty}^{\infty} f_1(k\Delta) \cdot f_2[(n-k)\Delta]$ 实际上就是连续信号 $f_1(t)$ 和 $f_2(t)$ 经等时间间隔 Δ 均匀抽样的离散序列 $f_1(k\Delta)$ 和 $f_2(k\Delta)$ 的卷积和。当 Δ 足够小时，$f(n\Delta)$ 就是卷积积分的结果——连续时间信号 $f(t)$ 较好的数值近似。

将连续信号进行取样，构造与 $f_1(k\Delta)$ 和 $f_2(k\Delta)$ 相对应的时间向量 k_1 和 k_2（注意，此时时间序号向量 k_1 和 k_2 的元素不再是整数，而是取样时间间隔 Δ 的整数倍的时间点）。

调用 conv( ) 函数计算卷积积分 $f(t)$ 的近似向量 $f(n\Delta)$：

构造 $f(n\Delta)$ 对应的时间向量 k。

可见我们只要对前面介绍的计算离散序列卷积和及绘制序列波形的子程序 dconv( ) 进行适当的改变，即可编写出计算连续时间信号卷积积分的数值近似并绘制其时域波形的通用函数。需要注意的是，程序中如何构造 $f(t)$ 的对应时间变量 k？另外，程序在绘制 $f(t)$ 的波形图时应采用 plot 命令而不是 stem 命令。

五、实验报告要求

1. 简述实验目的及实验原理。

2. 实验内容及结果分析。

（1）附上源程序清单，要求可读性好，必要处要加注释；

（2）实验结果，包括运行的数值结果或图形；

（3）结果分析，正确与否，误差原因。

3. 简要回答思考题。

4. 简述本次实验的体会和建议。

2.5　连续时间 LTI 系统的时域分析

一、实验目的

1. 掌握使用符号法求解连续系统的零输入响应和零状态响应。
2. 学会使用数值法求解连续系统的零状态响应。
3. 学会运用 MATLAB 求解连续系统的冲激响应和阶跃响应。

二、实验原理

连续时间系统可以使用线性常系数微分方程来描述，其完全响应由零输入响应和零状态响应组成。在 MATLAB 中，可以分别利用符号求解法和数值求解法对连续时间系统进行求解。

1. 连续时间系统零输入响应和零状态响应的符号求解。

MATLAB 符号工具箱提供了 dsolve 函数，可以实现对常系数微分方程的符号求解，其调用格式为

```
dsolve('eqs','conds','v')
```

其中，参数 eqs 表示微分方程组，可以是一个方程，也可以是方程组，每个方程之间用逗号隔开，它与 MATLAB 符号表达式的输入基本相同。微分和导数的输入是使用 Dy、D2y、D3y 等来分别表示 y 的一阶导数、二阶导数和三阶导数等；参数 conds 表示对应的每个方程的初始条件；参数 v 表示自变量，默认是时间变量 t。通过使用 dsolve 函数，可以求出系统微分方程的零输入响应和零状态响应，进而求出完全响应。

例 2.5.1　用 MATLAB 命令求齐次微分方程 $y'''(t) + 2y''(t) + y'(t) = 0$ 的零输入响应，已知起始条件为 $y(0\_) = 1, y'(0\_) = 1, y''(0\_) = 2$。

其对应的 MATLAB 源程序为

```
eq='D3y+2*D2y+Dy=0';          %定义符号微分方程表达式
cond='y(0)=1,Dy(0)=1,D2y(0)=2';   %初始条件
ans=dsolve(eq,cond);
simplify(ans)
```

运行结果为

```
ans=
    5-4*exp(-t)-3*exp(-t)*t
```

在求解该微分方程的零输入响应的过程中，由于从 $0\_$ 到 0_+ 是没有跳变的，

因此程序中初始条件选择 $t=0$ 时刻，即 cond $=$ '$y(0)=1, Dy(0)=1, D2y(0)=2$'。

例 2.5.2　已知输入 $x(t)=u(t)$，试用 MATLAB 命令求解微分 $y'''(t)+4y''(t)+8y'(t)=3x'(t)+8x(t)$ 的零状态响应。

应用 dsolve 函数来求解方程，其 MATLAB 源程序为

```
syms y(t) x(t)
x(t)=heaviside(t);
D3y=diff(y,3);
D2y=diff(y,2);
Dy=diff(y);
Dx=diff(x);
yzs=dsolve(D3y+4*D2y+8*Dy==3*Dx+8*x,D2y(-0.01)==0,Dy
(-0.01)==0,y(-0.01)==0);
yzs=simplify(yzs)
```

运行结果为

```
yzs =
    (exp(-2*t)*heaviside(t)*(cos(2*t) - exp(2*t) - 3*sin(2*t)
+ 8*t*exp(2*t)))/8
```

注意，使用 dsolve 求解零状态响应和零输入响应时，起始条件的时刻是不同的，由于存在跳变，不能选择 $t=0$ 时刻，在程序中选择了 $t=-0.01$ 时刻，用来表示 0_- 时刻。如果用 cond $=$ '$y(0)=0, Dy(0)=0, D2y(0)=0$' 定义起始条件，则实际上是定义了初始条件 $y(0_+)=0, y'(0_+)=0, y''(0_+)=0$，因此，得出错误的结论。

例 2.5.3　试用 MATLAB 命令求解微分方程 $y''(t)+3y'(t)+2y(t)=x'(t)+3x(t)$，当输入 $x(t)=e^{-3t}u(t)$，起始条件为 $y(0_-)=1$、$y'(0_-)=2$ 时系统的零输入响应、零状态响应及完全响应。

在求解的过程中，首先求得零输入和零状态响应，完全响应则为二者之和。对应的 MATLAB 源程序为

```
syms y(t) x(t)
x(t)=exp(-3*t)*heaviside(t);
Dy=diff(y);
yzi=dsolve(diff(y,2)+3*diff(y)+2*y==0,y(-0.001)==1,Dy
(-0.001)==2);
yzi=simplify(yzi)
yzs=dsolve(diff(y,2)+3*diff(y)+2*y==diff(x)+3*x,y(-0.001)
```

```
==0,Dy(-0.001)==0)
yzs=simplify(yzs)
yt=simplify(yzi+yzs)
subplot(311), ezplot(yzi,[0,8]);grid on
title('零输入响应')
subplot(312), ezplot(yzs,[0,8]);grid on
title('零状态响应')
subplot(313), ezplot(yt,[0,8]);grid on
title('完全响应')
```

在程序中，利用符号函数求解出零输入响应、零状态响应及完全响应后，可利用 ezplot 绘出它们的波形，注意程序中绘图区间一定要 $t>0$，本程序中取时间范围为[0,8]，程序运行后结果如图 2.5.1 所示。

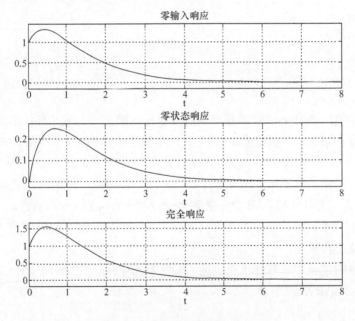

图 2.5.1　连续时间系统的响应

2. 连续时间系统零状态响应的数值求解。

在实际工程应用中，使用较多的是应用数值方法来求解微分方程。对于零输入响应来说，其数值解可以通过函数 initial 来实现，而该函数中的参量必须是状态变量所描述的系统模型，由于状态变量相关内容在"信号与系统"课程中涉及较少，所以此处不进行说明。对于零状态响应，MATLAB 控制系统工具箱提供了对 LTI 系统的零状态响应进行数值仿真的函数 lsim，利用该函数可以求解零初始条件下的微分方程的数值解。其调用格式为

$$y=\text{lsim}(\text{sys},f,t)$$

其中，t 表示系统响应的时间抽样点向量；f 是系统的输入向量；sys 表示 LTI 系统模型，用来表示微分方程、差分方程或状态方程。

sys 是由 tf 函数根据微分方程系数生成的系统函数对象，其语句格式为

sys=tf(a,b)

其中，a 和 b 分别为微分方程右端和左端的系数向量。例如，对于微分方程：

$$a_3 y'''(t) + a_2 y''(t) + a_1 y'(t) + a_0 y(t) = b_3 f'''(f) + b_2 f''(t) + b_1 f'(t) + b_0 f(t)$$

可以由以下语句获得其 LTI 模型：

$$a = [a_3, a_2, a_1, a_0]$$
$$b = [b_3, b_2, b_1, b_0]$$
$$\text{sys} = \text{tf}(b,a)$$

注意，如果微分方程的左端或者右端表达式有缺项，则其向量 a 或者 b 中对应元素应该为零，不能省略不写。

例 2.5.4　已知某 LTI 系统的微分方程为

$$y''(t) + 5y'(t) + 6y(t) = 6f(t)$$

其中，$f(t) = 10\sin(2\pi t)u(t)$，试用 MATLAB 命令绘出 $0 \leqslant t \leqslant 5$ 范围内系统零状态响应 $y(t)$ 的波形图。

解：MATLAB 源程序为

```
ts=0;
te=5;
dt=0.01;
sys=tf([6],[1,5,6]);
t=ts:dt:te;
f=10*sin(2*pi*t);
y=lsim(sys,f,t);
plot(t,y),grid on
xlabel('t'),ylabel('y(t)')
title('零状态响应')
```

其响应波形如图 2.5.2 所示。

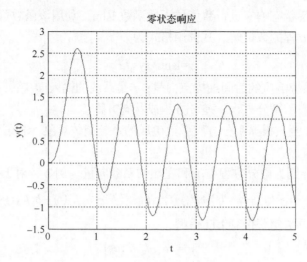

图 2.5.2　例 2.5.4 的运行结果

如果用 MATLAB 数值求解例 2.5.3 中系统的零状态响应，则程序如下。

解： MATLAB 源程序为

```
ts=0;
te=8;
dt=0.01;
sys=tf([1,3],[1,3,2]);
t=ts:dt:te;
f=exp(-3*t);
y=lsim(sys,f,t);
plot(t,y),grid on;
axis([0 8 -0.02 0.27])
xlabel('t'),ylabel('y(t)')
title('零状态响应')
```

程序运行结果如图 2.5.3 所示，可以看出与例 2.5.3 中用符号法求解的零状态响应结果完全相同。

3. 连续时间系统冲激响应和阶跃响应的求解。

对于连续时间 LTI 系统，冲激响应和阶跃响应是系统特性的描述，对求解系统在任意信号下的响应具有非常重要的意义。在 MATLAB 中，关于冲激响应和阶跃响应的数值求解，可以使用控制工具箱中提供的函数 impulse 和 step 函数来进行：

$$y = \text{impulse}(\text{sys}, t)$$

$$y = \text{step}(\text{sys}, t)$$

其中，t 表示系统响应的时间抽样点向量；sys 表示 LTI 系统模型。

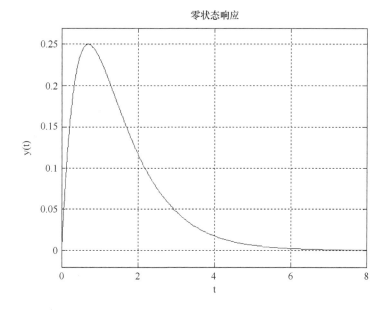

图 2.5.3　例 2.5.3 的数值解法运行结果

例 2.5.5　已知某 LTI 系统的微分方程为

$$y''(t) + 2y'(t) + 32y(t) = f'(t) + 16f(t)$$

试用 MATLAB 命令绘出 $0 \leqslant t \leqslant 4$ 范围内系统的冲激响应 $h(t)$ 和阶跃响应 $g(t)$。

解：用数值求解方法，其 MATLAB 源程序为

```
t=0:0.001:4;
sys=tf([1,16],[1,2,32]);
h=impulse(sys,t);          %冲激响应
g=step(sys,t);             %阶跃响应
subplot(211)
plot(t,h),grid on
xlabel('t'),ylabel('h(t)')
title('冲激响应')
subplot(212)
plot(t,g),grid on
```

```
xlabel('t'),ylabel('g(t)')
title('阶跃响应')
```

其响应波形如图 2.5.4 所示。

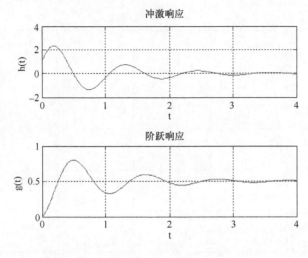

图 2.5.4　例 2.5.5 的运行结果

三、实验内容

1. 已知系统的微分方程和激励信号，使用 MATLAB 命令画出系统的零状态响应和零输入响应(零状态响应分别使用符号法和数值法求解,零输入响应只使用符号法求解)。要求题目(2)必做，题目(1)选做。

(1)　$y''(t)+4y'(t)+3y(t)=f(t), f(t)=u(t)$

(2)　$y''(t)+4y'(t)+4y(t)=f'(t)+3f(t), f(t)=\mathrm{e}^{-t}u(t)$

2. 已知系统的微分方程，使用 MATLAB 命令画出系统的冲激响应和阶跃响应(数值法)。要求题目(2)必做，题目(1)选做。

(1)　$y''(t)+3y'(t)+2y(t)=f(t)$

(2)　$y''(t)+2y'(t)+2y(t)=f'(t)$

四、实验报告要求

1. 格式: 实验名称、实验目的、实验原理、实验环境、实验内容、实验思考等。

2. 对于实验原理部分，重点介绍使用的 MATLAB 函数的功能，不必重复原理中的例子，实验的代码要求给出注解，并绘出实验结果的图形。

2.6　傅里叶变换(FT)及其性质

一、实验目的

1. 学会运用 MATLAB 求连续时间信号的傅里叶变换。
2. 学会运用 MATLAB 求连续时间信号的频谱图。
3. 学会运用 MATLAB 分析连续时间信号的傅里叶变换的性质。

二、实验原理

对于周期信号，当周期 $T \to \infty$ 时，周期信号就转化为非周期信号。一般周期信号的频谱是离散的，谱线间隔与周期成反比，当周期信号 $T \to \infty$ 时，周期信号的各次谐波幅度及谱线间隔将趋近于无穷小，但频谱的相对形状保持不变。这样，原来由许多谱线组成的周期信号的离散频谱就会连成一片，形成非周期信号的连续频谱。为了有效地分析非周期信号的频率特性，在信号与系统中，引入了傅里叶变换分析法。

连续时间信号 $f(t)$ 的傅里叶变换定义为

$$F(\mathrm{j}\omega) = F[f(t)] = \int_{-\infty}^{\infty} f(t)\mathrm{e}^{-\mathrm{j}\omega t}\mathrm{d}t \tag{2.6.1}$$

傅里叶逆变换定义为

$$f(t) = F^{-1}[F(\mathrm{j}\omega)] = \frac{1}{2\pi}\int_{-\infty}^{\infty} F(\mathrm{j}\omega)\mathrm{e}^{\mathrm{j}\omega t}\mathrm{d}\omega \tag{2.6.2}$$

傅里叶正逆变换一般称为傅里叶变换对，简记为 $f(t) \leftrightarrow F(\mathrm{j}\omega)$。

信号的傅里叶变换也可以应用 MATLAB 的符号运算和数值分析两种方法来实现，下面分别加以探讨。同时，给出了连续时间信号频谱图的绘制方法。

1. 傅里叶变换的 MATLAB 符号运算求解法。

MATLAB 符号数学工具箱提供了直接求解傅里叶变换与傅里叶逆变换的函数 fourier( ) 及 ifourier( )。

傅里叶变换 fourier( ) 的语句格式分为三种。

(1) $F = \text{fourier}(f)$：它是符号函数 f 的傅里叶变换，默认返回是关于 w 的函数。

(2) $F = \text{fourier}(f,v)$：它返回函数 F 是关于符号对象 v 的函数，而不是默认的 w，即 $F(v) = \int_{-\infty}^{\infty} f(x)\mathrm{e}^{-\mathrm{j}vx}\mathrm{d}x$。

(3) $F = \text{fourier}(f,u,v)$：是对关于 u 的函数 f 进行变换，返回函数 F 是关于 v

的函数，即 $F(v)=\int_{-\infty}^{\infty}f(u)\mathrm{e}^{-jvu}\mathrm{d}u$ 。

傅里叶逆变换 ifourier( ) 的语句格式也分为三种。

（1）$f=\mathrm{ifourier}(F)$：它是符号函数 f 的傅里叶逆变换，独立变量默认为 w，默认返回是关于 x 的函数。

（2）$f=\mathrm{ifourier}(F,u)$：它返回函数 f 是 u 的函数，而不是默认的。

（3）$f=\mathrm{ifourier}(F,u,v)$：它是对关于 v 的函数 F 进行傅里叶逆变换，返回关于 u 的函数 f。

值得注意的是，函数 fourier( ) 及 ifourier( ) 中的 f 或 F 均支持由 syms 函数所定义的符号变量或者符号表达式。

例 2.6.1　用 MATLAB 符号运算求解法求解求单边指数信号 $f(t)=\mathrm{e}^{-2t}u(t)$ 的傅里叶变换。

解：MATLAB 源程序为

```
ft=sym('exp(-2*t)*heaviside(t)');
Fw=fourier(ft)
```
运行结果为
```
Fw= 1/(2+i*w)
```

例 2.6.2　用 MATLAB 符号运算求解法求 $F(\mathrm{j}\omega)=\dfrac{1}{1+\omega^2}$ 的傅里叶逆变换。

解：MATLAB 源程序为

```
syms t
Fw=sym('1/(1+w^2)');
ft=ifourier(Fw,t)
```
运行结果为
```
ft= 1/2*exp(-t)*heaviside(t)+1/2*exp(t)*heaviside(-t)
```

信号 $f(t)$ 的傅里叶变换 $F(\mathrm{j}\omega)$ 表达了信号在 ω 处的频谱密度分布情况，这就是信号的傅里叶变换的物理含义。$F(\mathrm{j}\omega)$ 一般是复函数，可以表示为 $F(\mathrm{j}\omega)=\left|F(\mathrm{j}\omega)\right|^{\mathrm{j}\varphi(\omega)}$。我们把 $\left|F(\mathrm{j}\omega)\right|\sim\omega$ 与 $\varphi(\omega)\sim\omega$ 曲线分别称为非周期信号的幅度频谱与相位频谱，它们都是频率 ω 的连续函数，在形状上与相应的周期信号频谱包络线相同。非周期信号的频谱有两个特点：密度谱和连续谱。在 MATLAB 中，采用 fourier( ) 和 ifourier( ) 得到的返回函数仍然是符号表达式。若对返回函数作图，则需应用 ezplot( ) 绘图命令。

例 2.6.3　用 MATLAB 命令绘出单边指数信号的频谱图。

解：MATLAB 源程序为

```
ft=sym('exp(-2*t)*heaviside(t)');
```

```
Fw=fourier(ft);
subplot(211)
ezplot(abs(Fw)),grid on
title('幅度谱')
phase=atan(imag(Fw)/real(Fw));
subplot(212)
ezplot(phase);grid on
title('相位谱')
```

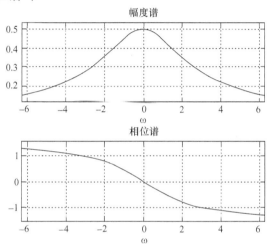

图 2.6.1　例 2.6.3 的运行结果

图 2.6.1 为单边指数信号的频谱图，其中图 2.6.1 中上面的图为幅度谱，下面的图为相位谱。

例 2.6.4　用 MATLAB 命令求图 2.6.2 所示三角脉冲的傅里叶变换，并画出其幅度谱。

解： MATLAB 源程序为

```
ft=sym('(t+4)/2*heaviside(t+4)-t*heaviside(t)+(t-4)/2*
heaviside(t-4)');
Fw=simplify(fourier(ft))
Fw_conj=conj(Fw);
Gw=sqrt(Fw*Fw_conj)
ezplot(Gw,[-pi,pi]),grid on
```

上述程序首先用 sym 函数定义三角脉冲信号，然后进行傅里叶变换得到 Fw。通过 Fw_conj=conj(Fw) 可求得傅里叶变换 Fw 的共轭函数，Gw=sqrt(Fw*Fw_conj)是将傅里叶变换的共轭与 Fw 本身相乘得到傅里叶变换

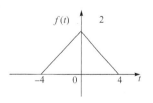

图 2.6.2　三角脉冲

模的平方，再将模平方函数进行开方从而得到幅度谱。

在求幅度谱时，Fw_conj=conj(Fw) 和 Gw=sqrt(Fw*Fw_conj) 也可利用 MATLAB 中的 abs 函数方便地得到同样的结果。此时，MATLAB 源程序为

```
ft=sym('(t+4)/2*heaviside(t+4)-t*heaviside(t)+(t-4)/2*
heaviside(t-4)');
Fw=simplify(fourier(ft));
ezplot(abs(Fw),[-pi,pi]),grid on
```

利用 MATLAB 的 ezplot 函数绘制的三角脉冲的幅度谱如图 2.6.3 所示。

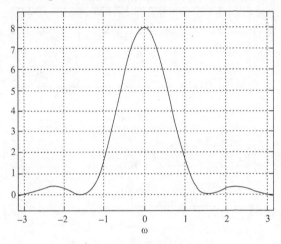

图 2.6.3　三角脉冲的幅度谱

2. 傅里叶变换的 MATLAB 数值计算求解法。

fourier( ) 和 ifourier( ) 函数的一个局限性是，如果返回函数中有如狄拉克函数 $\delta(t)$ 等项，则用 ezplot( ) 函数无法作图。对某些信号求变换时，其返回函数可能包含一些不能直接用符号表达的式子，甚至可能出现提示"未被定义的函数或变量"。因而也不能对此返回函数作图。此外，在很多实际情况中，尽管信号 $f(t)$ 是连续的，但经过抽样所获得的信号则是多组离散的数值量 $f(n)$，因此无法表示成符号表达式，此时不能应用 fourier( ) 函数对 $f(n)$ 进行处理，而只能用数值计算法求近似解。为了更好地体会 MATLAB 的数值计算功能，特别是强大的矩阵运算能力，这里给出连续信号傅里叶变换的数值计算法。

对于傅里叶变换的定义，可以写成如下形式：

$$F(\omega) = \int_{-\infty}^{\infty} f(t)\mathrm{e}^{-\mathrm{j}\omega t}\mathrm{d}t = \lim_{\Delta \to 0} \sum_{n \to -\infty}^{\infty} f(n\Delta)\mathrm{e}^{-\mathrm{j}\omega n\Delta}\Delta \tag{2.6.3}$$

当 Δ 足够小时，式 (2.6.3) 的近似情况可以满足实际需要。对于时限信号 $f(t)$，或

者在所研究的时间范围内让 $f(t)$ 衰减到足够小, 从而近似地看成时限信号, 则对于式 (2.6.3) 可研究有限 n 的取值。假设信号是因果信号, 则有

$$F(j\omega) = \Delta \sum_{n=0}^{M-1} f(n\Delta) e^{-j\omega n\Delta} \tag{2.6.4}$$

傅里叶变换后, 可以在 ω 域用 MATLAB 进行求解。对式 (2.6.4) 中的角频率 ω 进行离散化, 假设离散化后得到 n 个样值, 即

$$\omega = \frac{2\pi}{N\Delta} k, \quad 0 \leqslant k \leqslant N$$

因此有

$$F[k] = \Delta \sum_{n=0}^{M-1} f(n\Delta) e^{-j\omega_k n\Delta}, \quad 0 \leqslant k \leqslant N-1$$

对于 $F(k)$, 采用行向量, 用矩阵可以表示为

$$\left[F[k] \right]^{\mathrm{T}} = \Delta \left[f(n\Delta) \right]^{\mathrm{T}} \left[e^{-j\omega_k n\Delta} \right]^{\mathrm{T}} \tag{2.6.5}$$

式 (2.6.5) 为我们提供了用 MATLAB 实现傅里叶变换的主要依据。其要点是要正确生成 $f(t)$ 的 N 个样本向量 $\left[f(n\Delta) \right]$ 与向量 $\left[e^{-j\omega_k n\Delta} \right]_n$, 当 Δ 足够小时, 这两个向量的内积或两矩阵相乘的结果即为所要求的连续时间信号傅里叶变换的数值解。

　　信号 $f(t)$ 的取样间隔 Δ 要依据奈奎斯特抽样定理确定。对于非严格的带限信号 $f(t)$, 则可根据实际计算的精度要求来确定一个适当的频率 ω_{m} 为信号的带宽。

　　例 2.6.5　用 MATLAB 数值计算法求三角脉冲的幅度频谱图。

　　解: 例 2.6.3 中的三角脉冲信号是非带限信号, 其频谱集中在 $\left[-\frac{\pi}{2}, \frac{\pi}{2} \right]$。为了保证数值计算的精度, 假设三角脉冲信号的截止频率为 $\omega_{\mathrm{m}} = 100\pi$, 根据奈奎斯特抽样定理, 可以确定时域信号的抽样间隔 T_s 必须满足 $T_s \leqslant \dfrac{1}{2 \times \omega_{\mathrm{m}}/2\pi} = 0.01$。因此, 不妨取 $\Delta = 0.01$。对实信号而言, 其傅里叶变换的幅度频谱为偶对称, 因此角频率离散化后可取 $-N \leqslant k \leqslant N$。

　　MATLAB 源程序为

```
dt=0.01;
t=-4:dt:4;
ft=(t+4)/2.*heaviside(t+4)-t.*heaviside(t)+(t-4)/2.*
heaviside(t-4);%构造三角脉冲
N=2000;
k=-N:N;
W=pi*k/(N*dt);
```

```
F=dt*ft*exp(-j*t'*W);
F=abs(F);
plot(W,F),grid on
axis([-pi pi -1 9]);
xlabel('\omega') ylabel('|F(j\omega))|'
title('幅度谱')
```

运算结果如图 2.6.4 所示。

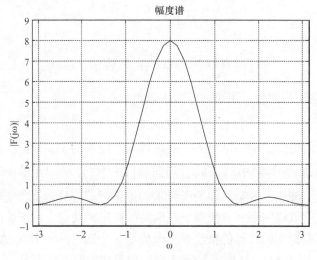

图 2.6.4　例 2.6.5 的运算结果

3. 傅里叶变换性质的 MATLAB 仿真。

傅里叶变换的性质对于傅里叶变换的求解和应用非常重要，很多实际的工程问题，都是基于傅里叶变换的性质来实现的。下面对几个重要的性质的 MATLAB 实现方法进行简单的介绍。

1）尺度变换

若 $f(t) \leftrightarrow F(\mathrm{j}\omega)$，则有 $f(at) \leftrightarrow \dfrac{1}{|a|}F\left(\dfrac{\mathrm{j}\omega}{a}\right)$，其中 a 为非零实常数。

例 2.6.6　设矩形信号 $f(t)=u(t+0.5)-u(t-0.5)$，利用 MATLAB 命令绘出该信号及其频谱图。同时绘出 $f(t/2)$ 和 $f(2t)$ 的频谱图，并加以比较。

解：采用符号运算法求解，MATLAB 源程序为

```
ft1=sym('heaviside(t+1/2)-heaviside(t-1/2)');    %原信号
subplot(321)
ezplot(ft1,[-1.5 1.5]),grid on
Fw1=simplify(fourier(ft1));    %原信号的傅里叶变换
```

```
subplot(322)
ezplot(abs(Fw1),[-10*pi 10*pi]),grid on
axis([-10*pi 10*pi -0.2 2.2])
ft2=sym('heaviside(t/2+1/2)-heaviside(t/2-1/2)'); %信号
```
的时域扩展
```
subplot(323)
ezplot(ft2,[-1.5 1.5]),grid on
Fw2=simplify(fourier(ft2)); %%扩展信号的傅里叶变换
subplot(324)
ezplot(abs(Fw2),[-10*pi 10*pi]),grid on
axis([-10*pi 10*pi -0.2 2.2])
ft3=sym('heaviside(2*t+1/2)-heaviside(2*t-1/2)'); %%信
```
号的时域压缩
```
subplot(325)
ezplot(ft3,[-1.5 1.5]),grid on
Fw3=simplify(fourier(ft3)); %%压缩信号的傅里叶变换
subplot(326)
ezplot(abs(Fw3),[-10*pi 10*pi]),grid on
axis([-10*pi 10*pi -0.2 2.2])
```

程序运行结果如图 2.6.5 所示，直观反映了尺度变换特性，从理论上论证了信号的时域压缩导致它的频谱扩展，而信号的时域扩展导致它的频谱压缩。一个典型的例子就是通信中对通信速率的要求和对带宽的要求是相互矛盾的。

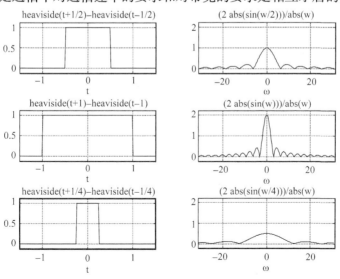

图 2.6.5　例 2.6.6 的运行结果

2）频移特性

傅里叶变换的频移特性为：若 $f(t) \leftrightarrow F(j\omega)$，则有 $f(t)e^{jt\omega_0} \leftrightarrow F[j(\omega-\omega_0)]$。

频移技术在通信系统中得到广泛的应用，如调幅、同步解调和变频等过程都是在频谱搬移的基础上完成的。频移的实现原理是将信号 $f(t)$ 乘以载波信号 $\cos\omega_0 t$ 或 $\sin\omega_0 t$，从而完成频谱搬移，即

$$f(t)\cos\omega_0 t \leftrightarrow \frac{1}{2}\{F[j(\omega+\omega_0)]+F[j(\omega-\omega_0)]\}$$

$$f(t)\sin\omega_0 t \leftrightarrow \frac{j}{2}\{F[j(\omega+\omega_0)]-F[j(\omega-\omega_0)]\}$$

上式说明，若 $f(t)$ 乘以 $\cos\omega_0 t$ 或 $\sin\omega_0 t$，等效于 $f(t)$ 的频谱 $F(j\omega)$ 一分为二，沿频率轴向左和向右各频移 ω_0。这个过程称为调制，频移性质又称为调制性质或调制定理。

下面利用 MATLAB 将常规矩形脉冲信号的频谱和其调制信号频谱进行比较。MATLAB 源程序如下：

```
ft1=sym('4*(heaviside(t+1/4)-heaviside(t-1/4))');
Fw1=simplify(fourier(ft1));
subplot(121)
ezplot(abs(Fw1),[-24*pi 24*pi]),grid on
axis([-24*pi 24*pi -0.2 2.2]),title('矩形信号频谱')
ft2=sym('4*cos(2*pi*6*t)*(heaviside(t+1/4)-heaviside(t-1/4))');
Fw2=simplify(fourier(ft2));
subplot(122)
ezplot(abs(Fw2),[-24*pi 24*pi]),grid on
title('矩形调制信号频谱')
```

程序运行结果如图 2.6.6 所示，从图中可见，信号的频谱分别被左移和右移。傅里叶变换的其他性质可用类似的方法验证。

三、实验内容

1. 试用 MATLAB 命令求下列信号的傅里叶变换，并绘出其幅度谱和相位谱。

（1）$f_1(t) = \dfrac{\sin 2\pi(t-1)}{\pi(t-1)}$

（2）$f_2(t) = [\dfrac{\sin(\pi t)}{\pi t}]^2$

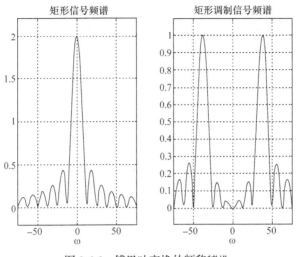

图 2.6.6　傅里叶变换的频移特性

2. 试用 MATLAB 命令求下列信号的傅里叶逆变换，并绘出其时域信号图。

(1) $F_1(\mathrm{j}\omega) = \dfrac{10}{3+\mathrm{j}\omega} - \dfrac{4}{5+\mathrm{j}\omega}$

(2) $F_2(\mathrm{j}\omega) = \mathrm{e}^{-4\omega^2}$

3. 分别利用 MATLAB 符号运算求解法和数值计算法求图 2.6.7 所示梯形信号的傅里叶变换，并画出其频谱图。

4. 已知矩形信号的自身卷积为三角波信号，试用 MATLAB 命令验证傅里叶变换的时域卷积定理。

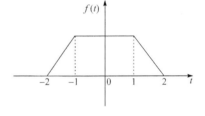

图 2.6.7　梯形信号

四、实验报告要求

1. 实验报告包括实验名称、实验目的、实验原理、实验环境、实验内容和实验思考等部分。

2. 实验内容中要给出程序的代码和对应的程序运行结果，实验思考中总结在用 MATLAB 实现实验内容时出现的问题和实验过程中的体会。

2.7　信号抽样及抽样定理

一、实验目的

1. 掌握运用 MATLAB 完成信号抽样的方法，并对抽样信号的频谱进行分析。

2. 运用 MATLAB 改变抽样时间间隔的方法，观察抽样后信号的频谱变化。

3. 了解运用 MATLAB 对抽样后的信号进行重建的方法。

二、实验原理及实例分析

1. 信号抽样。

信号抽样是利用抽样脉冲序列 $p(t)$ 从连续信号 $f(t)$ 中抽取一系列的离散值，通过抽样过程得到的离散值信号称为抽样信号，记为 $f_s(t)$。从数学上讲，抽样过程就是信号相乘的过程，即 $f_s(t) = f(t) \cdot p(t)$。

因此，可以使用傅里叶变换的频域卷积性质来求抽样信号 $f_s(t)$ 的频谱。常用的抽样脉冲序列有周期矩形脉冲序列和周期冲激脉冲序列。

假设原连续信号 $f(t)$ 的频谱为 $F(j\omega)$，即 $f(t) \leftrightarrow F(j\omega)$；抽样脉冲 $p(t)$ 是一个周期信号，它的频谱为

$$p(t) = \sum_{n=-\infty}^{\infty} P_n e^{jn\omega_s t} \leftrightarrow P(j\omega) = 2\pi \sum_{n=-\infty}^{\infty} P_n \delta(\omega - n\omega_s) \tag{2.7.1}$$

其中，$\omega_s = \dfrac{2\pi}{T_s}$ 为抽样角频率；T_s 为抽样间隔。因此，抽样信号 $f_s(t)$ 的频谱为

$$F_s(j\omega) = \frac{1}{2\pi} F(j\omega) * P(j\omega) = \sum_{n=-\infty}^{\infty} F(j\omega) P_n \delta(\omega - n\omega_s) = \sum_{n=-\infty}^{\infty} P_n F(j(\omega - n\omega_s)) \tag{2.7.2}$$

即

$$F_s(j\omega) = \sum_{n=-\infty}^{\infty} P_n F(j(\omega - n\omega_s)) \tag{2.7.3}$$

式 (2.7.3) 表明，信号在时域被抽样后，它的频谱是原连续信号频谱以抽样角频率为周期的延拓，即信号在时域抽样或离散化，相当于在频域的周期化。在频谱的周期重复过程中，其频谱幅度受抽样脉冲序列的傅里叶系数加权，即被 P_n 加权。

假设抽样信号为周期冲激脉冲序列，则

$$p(t) = \sum_{n=-\infty}^{\infty} \delta(t - nT_s) \leftrightarrow \omega_s \sum_{n=-\infty}^{\infty} \delta(\omega - n\omega_s) \tag{2.7.4}$$

因此，冲激脉冲序列抽样后信号频谱为

$$F_s(j\omega) = \frac{1}{T_s} \sum_{n=-\infty}^{\infty} F(j(\omega - n\omega_s)) \tag{2.7.5}$$

可以看出，$F_s(j\omega)$ 是以 ω_s 为周期等幅地重复。

例 2.7.1　已知升余弦信号为

$$f(t)=\frac{E}{2}[1+\cos(\frac{\pi t}{\tau})],\quad 0\leqslant |t|\leqslant \tau$$

用 MATLAB 编程实现该信号经冲激脉冲抽样后得到的抽样信号 $f_s(t)$ 及其频谱。

解： $E=1,\tau=\pi$，则 $f(t)=\frac{1}{2}(1+\cos t)$。当采用抽样间隔 $T_s=1$ 时，MATLAB 源程序为

```
Ts=1;                                    %抽样间隔
dt=0.1;
t1=-4:dt:4;
ft=((1+cos(t1))/2).*(heaviside(t1+pi)-heaviside(t1-pi));
subplot(221)
plot(t1,ft),grid on
axis([-4 4 -0.1 1.1])
xlabel('t'),ylabel('f(t)')
title('升余弦脉冲信号')
N=500;
k=-N:N;
W=pi*k/(N*dt);
Fw=dt*ft*exp(-j*t1'*W);                  %傅里叶变换的数值计算
subplot(222)
plot(W,abs(Fw)),grid on
axis([-10 10 -0.2 1.1*pi])
xlabel('\omega'),ylabel('F(j\omega)'
title('升余弦脉冲信号频谱')
t2=-4:Ts:4;
fst=((1+cos(t2))/2).*(heaviside(t2+pi)-heaviside(t2-pi));
subplot(223)
plot(t1,ft,':'),hold on                  %抽样信号的包络线
stem(t2,fst),grid on                     %绘制抽样信号
axis([-4 4 -0.1 1.1])
xlabel('t'),ylabel('fs(t)')
title('抽样后的信号'),hold off
Fsw=Ts*fst*exp(-j*t2'*W);                %傅里叶变化的数值计算
```

```
subplot(224)
plot(W,abs(Fsw)),grid on
axis([-10 10 -0.2 1.1*pi])
xlabel('\omega'),ylabel('Fs(j\omega)')
title('抽样信号的频谱')
```

程序运行结果如图 2.7.1 所示。

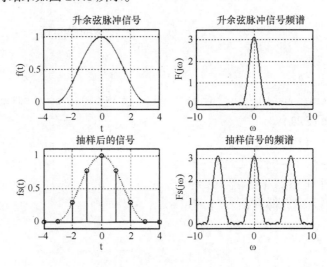

图 2.7.1　例 2.7.1 的运行结果

很明显，升余弦脉冲信号的频谱抽样后发生了周期延拓，频域上该周期为 $\omega_s = \dfrac{2\pi}{T_s}$。

2. 抽样定理。

如果 $f(t)$ 是带限信号，最高角频率为 ω_m，则信号 $f(t)$ 可以用等间隔的抽样值来唯一表示。$f(t)$ 经过抽样后的频谱 $F_s(j\omega)$ 就是将 $f(t)$ 的频谱 $F(j\omega)$ 在频率轴上以抽样频率 ω_s 为间隔进行周期延拓。因此，当 $\omega_s \geqslant 2\omega_m$ 时，周期延拓后频谱 $F_s(j\omega)$ 不会产生频率混叠；当 $\omega_s < 2\omega_m$ 时，周期延拓后频谱 $F_s(j\omega)$ 将产生频率混叠。通常把满足抽样定理要求的最低抽样频率 $f_s = 2f_m(f_s = \dfrac{\omega_s}{2\pi}, f_m = \dfrac{\omega_m}{2\pi})$ 称为奈奎斯特频率，把最大允许的抽样间隔 $T_s = \dfrac{1}{f_s} = \dfrac{1}{2f_m}$ 称为奈奎斯特间隔。

例 2.7.2　试用例 2.7.1 来验证抽样定理。

解：例 2.7.1 中升余弦脉冲信号的频谱大部分集中在 $[0, \dfrac{2\pi}{\tau}]$，设其截止频率

为 $\omega_m = \dfrac{2\pi}{\tau}$，代入参数可得 $\omega_m = 2$，因而奈奎斯特间隔 $T_s = \dfrac{1}{2f_m} = \dfrac{\pi}{2}$。在例 2.7.1 的 MATLAB 程序中，可通过修改 T_s 的值得到不同的结果。

例如，取 $T_s = pi/2$，可得到奈奎斯特间隔临界抽样时，抽样信号的频谱情况，如图 2.7.2 所示。取 $T_s = 2$，可得到低抽样率时，抽样信号的频谱情况，如图 2.7.3 所示。从中可以看出，由于抽样间隔大于奈奎斯特间隔，产生了较为严重的频谱混叠现象。

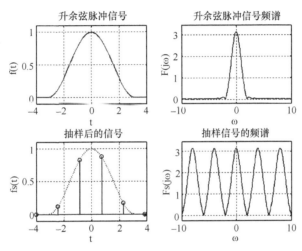

图 2.7.2　$T_s = pi/2$ 时的运行结果

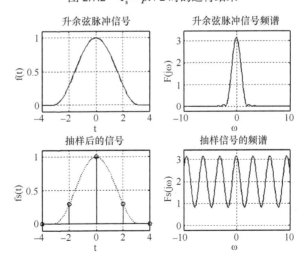

图 2.7.3　$T_s = 2$ 时的运行结果

3. 信号的重建。

抽样定理表明，当抽样间隔小于奈奎斯特间隔时，可以使用抽样信号唯一地表示原信号，即信号是可以重建的。为了从频谱中无失真地恢复原信号，可以采用截止频率为 $\omega_c \geqslant \omega_m$ 的理想低通滤波器。

设理想低通滤波器的冲激响应为 $h(t)$，即

$$f(t) = f_s(t) * h(t) \tag{2.7.6}$$

其中

$$f_s(t) = f(t) \sum_{n=-\infty}^{\infty} \delta(t-nT_s) = \sum_{n=-\infty}^{\infty} f(nT_s)\delta(t-nT_s), \quad h(t) = T_s \frac{\omega_c}{\pi} \mathrm{Sa}(\omega_c t) \tag{2.7.7}$$

因此

$$\begin{aligned} f(t) &= \sum_{n=-\infty}^{\infty} f(nT_s)\delta(t-nT_s) * T_s \frac{\omega_c}{\pi} \mathrm{Sa}(\omega_c t) \\ &= T_s \frac{\omega_c}{\pi} \sum_{n=-\infty}^{\infty} f(nT_s)\mathrm{Sa}[\omega_c(t-nT_s)] \end{aligned} \tag{2.7.8}$$

式 (2.7.8) 表明连续信号可展开为抽样函数 $\mathrm{Sa}(t)$ 的无穷级数，该级数的系数为抽样值。

利用 MATLAB 中的函数 $\sin c(t) = \dfrac{\sin(\pi t)}{\pi t}$ 来表示 $\mathrm{Sa}(t)$，所以可获得由 $f(nT_s)$ 重建 $f(t)$ 的表达式，即

$$f(t) = T_s \frac{\omega_c}{\pi} \sum_{n=-\infty}^{\infty} f(nT_s)\sin c[\frac{\omega_c}{\pi}(t-nT_s)] \tag{2.7.9}$$

例 2.7.3　对例 2.7.1 中的升余弦脉冲信号，假设其截止频率为 $\omega_m = 2$，抽样间隔 $T_s = 1$，采用截止频率 $\omega_c = 1.2\omega_m$ 的低通滤波器对抽样信号滤波后重建信号 $f(t)$，并计算重建信号与原升余弦脉冲信号的绝对误差。

解： MATLAB 源程序为

```
wm=2;                                          %升余弦脉冲信号带宽
wc=1.2*wm;                                     %理想低通截止频率
Ts=1;                                          %抽样间隔
n=-100:100;                                    %时域计算点数
nTs=n*Ts;                                      %时域抽样点
fs=((1+cos(nTs))/2).*(heaviside(nTs+pi)-heaviside(nTs-
pi));                                          %抽样信号
```

```
t=-4:0.1:4;
ft=fs*Ts*wc/pi*sinc((wc/pi)*(ones(length(nTs),1)*t-nTs'
*ones(1,length(t))));
                                            %信号重建
t1=-4:0.1:4;
f1=((1+cos(t1))/2).*(heaviside(t1+pi)-heaviside(t1-pi));
subplot(311);
plot(t1,f1,':'),hold on                     %绘制包络线
stem(nTs,fs),grid on                        %绘制抽样信号
axis([-4 4 -0.1 1.1])
xlabel('nTs'),ylabel('f(nTs)');
title('抽样间隔 Ts=1 时的抽样信号 f(nTs)')
hold off
subplot(312)
plot(t,ft),grid on                          %绘制重建信号
axis([-4 4 -0.1 1.1])
xlabel('t'),ylabel('f(t)');
title('由 f(nTs)信号重建得到升余弦脉冲信号')
error=abs(ft-f1);
subplot(313)
plot(t,error),grid on
xlabel('t'),ylabel('error(t)');
title('重建信号与原升余弦脉冲信号的绝对误差')
```

　　程序运行结果如图 2.7.4 所示。从图中可以看出,重建后的信号与原升余弦脉冲信号的误差在 10^{-2} 以内。在信号重建时,由于选取的升余弦脉冲信号带宽为 $\omega_m = 2$ 时,实际上已经将很少的高频分量忽略了,所以会存在一定的误差。

　　例 2.7.4　如果将例 2.7.3 中的抽样间隔修改为 $T_s = 2$,低通滤波器的截止频率修改为 $\omega_c = \omega_m$,那么按照例 2.7.1 的分析将产生频率混叠,则重建的信号与原来的升余弦脉冲信号相比也会产生较大失真。按要求修改上述 MATLAB 程序,并分析失真的误差。

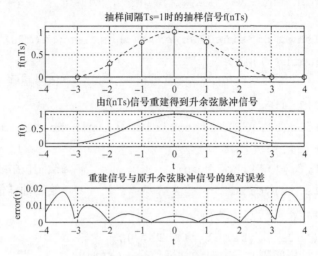

图 2.7.4　例 2.7.3 的运行结果

解：MATLAB 源程序为

```
wm=2;                              %升余弦脉冲信号带宽
wc=wm;                             %理想低通截止频率
Ts=2;                              %抽样间隔
n=-100:100;                        %时域计算点数
nTs=n*Ts;                          %时域抽样点
fs=((1+cos(nTs))/2).*(heaviside(nTs+pi)-heaviside(nTs-
pi));                             %抽样信号
t=-4:0.1:4;
ft=fs*Ts*wc/pi*sinc((wc/pi)*(ones(length(nTs),1)*t-nTs'
*ones(1,length(t))));
                                   %信号重建
t1=-4:0.1:4;
f1=((1+cos(t1))/2).*(heaviside(t1+pi)-heaviside(t1-pi));
subplot(311);
plot(t1,f1,':'),hold on            %绘制包络线
stem(nTs,fs),grid on               %绘制抽样信号
axis([-4 4 -0.1 1.1])
xlabel('nTs'),ylabel('f(nTs)');
title('抽样间隔 Ts=2 时的抽样信号 f(nTs)')
```

```
hold off
subplot(312)
plot(t,ft),grid on                          %绘制重建信号
axis([-4 4 -0.1 1.1])
xlabel('t'),ylabel('f(t)');
title('由 f(nTs)信号重建得到有失真的升余弦脉冲信号')
error=abs(ft-f1);
subplot(313)
plot(t,error),grid on
xlabel('t'),ylabel('error(t)');
title('重建信号与原升余弦脉冲信号的绝对误差')
```

程序运行结果如图 2.7.5 所示。结果表明信号不满足抽样定理时,会产生较大的失真,并且绝对误差十分明显。

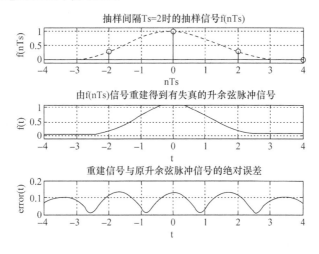

图 2.7.5　例 2.7.4 的运行结果

三、实验内容

1. 设有三个不同频率的正弦信号,频率分别为 $f_1 = 100\text{Hz}$, $f_2 = 200\text{Hz}$, $f_3 = 3800\text{Hz}$;现在使用抽样频率 $f_s = 4000\text{Hz}$ 对这三个信号进行抽样,使用 MATLAB 命令画出各抽样信号的波形和频谱,并分析其频率混叠现象。

2. 结合抽样定理,利用 MATLAB 编程实现 $\text{Sa}(t)$ 信号经过冲激脉冲抽样后得到的抽样信号 $f_s(t)$ 及其频谱,并利用 $f_s(t)$ 构建 $\text{Sa}(t)$ 信号。

四、实验报告要求

1. 实验名称、实验目的、实验原理、实验环境、实验内容(上述几部分代码及结果图形)、实验思考等。

2. 分析并总结不同采样频率的采样信号在重建时的误差。

2.8　连续时间 LTI 系统的频率特性及频域分析

一、实验目的

1. 掌握运用 MATLAB 分析连续系统频率特性的方法。

2. 了解 MATLAB 进行连续系统频域分析的函数及其用法。

二、实验原理

1. 连续时间 LTI 系统的频率特性。

一个连续 LTI 系统的数学模型通常用线性常系数微分方程描述,即

$$a_n y^{(n)}(t) + \cdots + a_1 y'(t) + a_0 y(t) = b_m x^m(t) + \cdots + b_1 x'(t) + b_0 x(t) \quad (2.8.1)$$

对式(2.8.1)两边取傅里叶变换,并根据 FT 的时域微分性质可得

$$\left[a_n (j\omega)^n + \cdots + a_1 (j\omega) + a_0 \right] Y(j\omega) = \left[b_m (j\omega)^m + \cdots + b_1 (j\omega) + b_0 \right] X(j\omega)$$

定义 $H(j\omega)$ 为

$$H(j\omega) = \frac{Y(j\omega)}{X(j\omega)} = \frac{b_m (j\omega)^m + \cdots + b_1 (j\omega) + b_0}{a_n (j\omega)^n + \cdots + a_1 (j\omega) + a_0} \quad (2.8.2)$$

可见 $H(j\omega)$ 为两个 $j\omega$ 的多项式之比。其中,分母、分子多项式的系数分别为式(2.8.1)左边与右边相应项的系数,$H(j\omega)$ 称为 LTI 系统的系统函数,也称为系统的频率响应特性,简称系统频率响应或频率特性。一般 $H(j\omega)$ 是复函数,可表示为

$$H(j\omega) = \left| H(j\omega) \right| e^{j\varphi(\omega)} \quad (2.8.3)$$

其中,$\left| H(j\omega) \right|$ 称为系统的幅频响应特性,简称为幅频响应或幅频特性;$\varphi(\omega)$ 称为系统的相频响应特性,简称相频响应或相频特性。$H(j\omega)$ 描述了系统响应的傅里叶变换与激励的傅里叶变换间的关系。$H(j\omega)$ 只与系统本身的特性有关,与激励无关,因此它是表征系统特性的一个重要参数。

MATLAB 信号处理工具箱提供的 freqs 函数可直接计算系统的频率响应的数值解，其语句格式为

$$H=\text{freqs}(b,a,w)$$

其中，b 和 a 表示 $H(j\omega)$ 的分子和分母多项式的系数向量；w 为系统频率响应的频率范围，其一般形式为 $w_1{:}p{:}w_2$，w_1 为频率起始值，w_2 为频率终止值，p 为频率取值间隔。H 返回 w 所定义的频率点上系统频率响应的样值。注意，H 返回的样值可能为包含实部和虚部的复数。因此，如果想得到系统的幅频特性和相频特性，还需要利用 abs 和 angle 函数来分别求得。

例 2.8.1　已知某连续 LTI 系统的微分方程为

$$y'''(t)+10y''(t)+8y'(t)+5y(t)=13x'(t)+7x(t)$$

求该系统的频率响应，并用 MATLAB 绘出其幅频特性和相频特性图。

解：对上式两端取 FT，得

$$Y(j\omega)\Big[(j\omega)^3+10(j\omega)^2+8(j\omega)+5\Big]=X(j\omega)[13(j\omega)+7]$$

因此，频率响应为

$$H(j\omega)=\frac{Y(j\omega)}{X(j\omega)}=\frac{13(j\omega)+7}{(j\omega)^3+10(j\omega)^2+8(j\omega)+5}$$

利用 MATLAB 中的 freqs 函数可求出其数值解，并绘出其幅频特性和相频特性图。MATLAB 源程序为

```
w=-3*pi:0.01:3*pi;
b=[13,7];
a=[1,10,8,5];
H=freqs(b,a,w);
subplot(211)
plot(w,abs(H)),grid on
xlabel('\omega(rad/s)'),ylabel('|H(j\omega)|')
title('H(j\omega)的幅频特性')
subplot(212)
plot(w,angle(H)),grid on
xlabel('\omega(rad/s)'),ylabel('\phi(\omega)')
title('H(j\omega)的相频特性')
```

运行结果如图 2.8.1 所示。

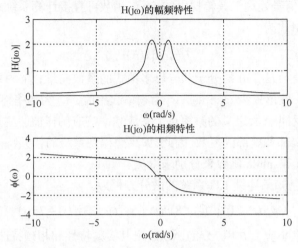

图 2.8.1　例 2.8.1 的运行结果

例 2.8.2　图 2.8.2 是实用带通滤波器的一种最简单形式。试求当 $R=10\Omega$，$L=0.1\mathrm{H}$，$C=0.1\mathrm{F}$ 时该滤波器的幅频特性和相频特性。

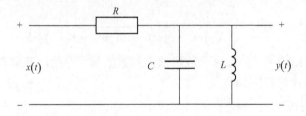

图 2.8.2　实用带通滤波器

解：带通滤波器的频率响应为

$$H(\mathrm{j}\omega)=\frac{Y(\mathrm{j}\omega)}{X(\mathrm{j}\omega)}=\frac{\mathrm{j}\omega/RC}{(\mathrm{j}\omega)^2+\mathrm{j}\omega/RC+1/LC}$$

代入参数，带通滤波器的谐振频率为

$$\omega=\pm1/\sqrt{LC}=\pm10(\mathrm{rad}/\mathrm{s})$$

带通滤波器的幅频特性和相频特性的 MATLAB 源程序如下：

```
w=-6*pi:0.01:6*pi;
b=[1,0];
a=[1,1,100];
H=freqs(b,a,w);
```

```
subplot(211)
plot(w,abs(H)),grid on
xlabel('\omega(rad/s)'),ylabel('|H(j\omega)|')
title('带通滤波器的幅频特性')
subplot(212)
plot(w,angle(H)),grid on
xlabel('\omega(rad/s)'),ylabel('\phi(\omega)')
title('带通滤波器的相频特性')
```

运行结果如图 2.8.3 所示。

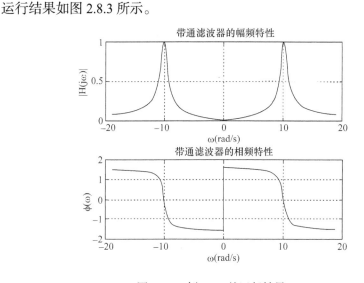

图 2.8.3　例 2.8.2 的运行结果

可以看到,该带通滤波器的特性是让接近谐振频率 $\omega=10\mathrm{rad/s}$ 的信号通过而阻止其他频率的信号。

2. 连续时间 LTI 系统的频域分析。

连续时间 LTI 系统的频域分析法,也称为傅里叶变换分析法,该方法是基于信号频谱分析的概念,讨论信号作用于线性系统时,在频域中求解响应的方法。傅里叶分析法的关键是求取系统的频率响应。傅里叶分析法主要用于分析系统的频率响应特性或分析输出信号的频谱,也可用来求解正弦信号作用下的正弦稳态响应。下面通过实例来说明非周期信号激励下,利用频率响应求零状态响应的方法。

例 2.8.3　图 2.8.4(a)为 RC 低通滤波器,在输入端加入矩形脉冲如图 2.8.4(b)所示,利用傅里叶分析法求输出端电压。

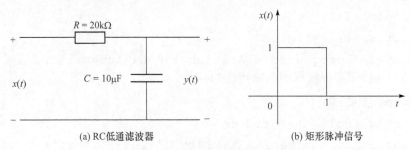

(a) RC低通滤波器　　　　　　　　　(b) 矩形脉冲信号

图 2.8.4　低通滤波器及其输入信号波形

解： RC 低通滤波器的频率响应为 $H(\mathrm{j}\omega) = \dfrac{a}{a + \mathrm{j}\omega}$，其中 $\alpha = \dfrac{1}{RC} = 5$。激励信号的傅里叶变换为

$$X(\mathrm{j}\omega) = (1 - \mathrm{e}^{-\mathrm{j}\omega}) / \mathrm{j}\omega$$

因此，响应的傅里叶变换为

$$Y(\mathrm{j}\omega) = H(\mathrm{j}\omega)X(\mathrm{j}\omega) = \frac{5(1 - \mathrm{e}^{-\mathrm{j}\omega})}{\mathrm{j}\omega(5 + \mathrm{j}\omega)} = \frac{5(1 - \mathrm{e}^{-\mathrm{j}\omega})}{5\mathrm{j}\omega - \omega^2}$$

MATLAB 源程序如下：

```
w=-6*pi:0.01:6*pi;
b=[5];
a=[1,5];
H1=freqs(b,a,w);
plot(w,abs(H1)),grid on
xlabel('\omega(rad/s)'),ylabel('|H(j\omega)|')
title('RC 低通滤波器的幅频特性')
xt=sym('heaviside(t)-heaviside(t-1)');
xw=simplify(fourier(xt));
figure
subplot(221),ezplot(xt,[-0.2,2]),grid on
title('矩形脉冲信号')
xlabel('t'),ylabel('x(t)')
subplot(222),ezplot(abs(xw),[-6*pi 6*pi]),grid on
title('矩形脉冲的频谱')
xlabel('\omega(rad/s)'),ylabel('x(j\omega)')
Yw=sym('5*(1-exp(-i*w))/(5*i*w-w^2)');
yt=simplify(ifourier(Yw));
```

```
subplot(223),ezplot(yt,[-0.2,2]),grid on
title('响应的时域波形')
xlabel('t'),ylabel('y(t)')
subplot(224),ezplot(abs(Yw),[-6*pi 6*pi]),grid on
title('响应的频谱')
xlabel('\omega(rad/s)'),ylabel('y(j\omega)')
```

低通滤波器的幅频特性和程序运行结果如图 2.8.5、图 2.8.6 所示。

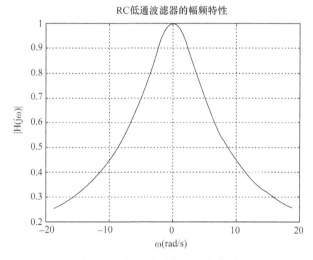

图 2.8.5　低通滤波器的幅频特性

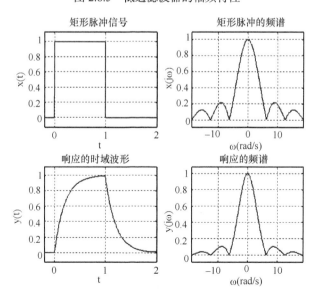

图 2.8.6　例 2.8.3 的运行结果

由图 2.8.6 可以看出, 时域中输出信号与输入信号的波形相比产生了失真, 表现在波形的上升和下降部分, 输出信号的波形上升和下降部分比输入波形要平缓许多。而在频域, 激励信号频谱的高频分量与低频分量相比受到较严重的衰减。这正是低通滤波器所起的作用。

对于周期信号激励而言, 可首先将周期信号进行傅里叶级数展开, 然后求系统在各傅里叶级数分解的频率分量作用下系统的稳态响应分量, 再由系统的线性性质将这些稳态响应分量叠加, 从而得到系统总的响应。该方法的理论基础是正弦信号作用下系统的正弦稳态响应。

对于正弦激励信号 $A\sin(\omega_0 t + \varphi)$, 当经过系统 $H(j\omega)$ 时, 其稳态响应为

$$y_{ss}(t) = A|H(j\omega_0)|\sin(\omega_0 t + \varphi + \angle H(j\omega_0)) \tag{2.8.4}$$

例 2.8.4 设系统的频率响应为 $H(j\omega) = \dfrac{1}{-\omega^2 + 3j\omega + 2}$, 若外加激励信号为 $5\cos(t) + 2\cos(10t)$, 用 MATLAB 命令求其稳态响应。

解: MATLAB 源程序如下:

```
t=0:0.1:20;
w1=1;w2=10;
H1=1/(-w1^2+1i*3*w1+2);
H2=1/(-w2^2+1i*3*w2+2);
f=5*cos(t)+2*cos(10*t);
y=abs(H1)*cos(w1*t+angle(H1))+abs(H2)*cos(w2*t+angle(H2));
subplot(2,1,1);
plot(t,f),grid on
ylabel('f(t)'),xlabel('t')
title('输入信号的波形')
subplot(2,1,2);
plot(t,y),grid on
xlabel('t'),ylabel('y(t)')
title('稳态响应的波形')
```

程序运行结果如图 2.8.7 所示。

从图形可看出, 信号通过该系统后, 其高频分量衰减较大, 说明信号经过的系统是低通滤波器, 系统对输入信号进行滤波, 滤除了信号中的高频分量。

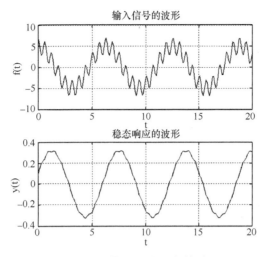

图 2.8.7　例 2.8.4 的运行结果

三、实验内容

1. 试用 MATLAB 命令求图 2.8.8 所示电路系统的幅频特性和相频特性，并根据求出的幅频特性，判断系统滤波器的类型。已知 $R=10\Omega, L=2\mathrm{H}, C=0.1\mathrm{F}$。

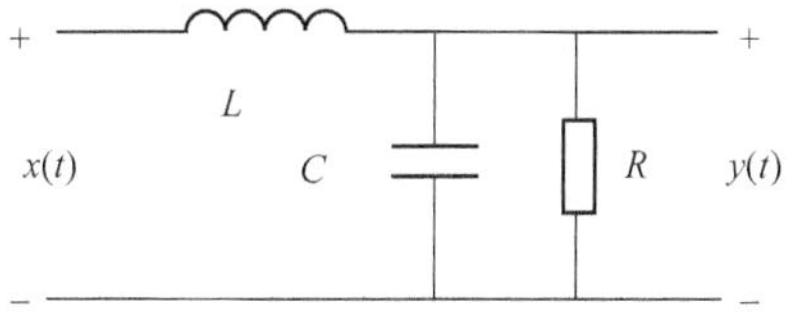

2. 已知系统微分方程和激励信号如下，试用 MATLAB 命令求系统的稳态响应。

图 2.8.8　RLC 电路

（1）　$y'(t)+1.5y(t)=f'(t), f(t)=\cos(2t)$

（2）　$y''(t)+2y'(t)+3y(t)=-f'(t)+2f(t), f(t)=3+\cos(2t)+\cos(5t)$

四、实验报告要求

1. 实验名称、实验目的、实验原理、实验环境、实验内容（上述几部分代码及结果图形）、实验思考等。

2. 体会不同滤波器对信号的作用，写出自己对实验结果的分析与思考。

2.9　拉普拉斯变换(LT)

一、实验目的

1. 学会运用 MATLAB 求拉普拉斯变换(LT)。

2. 运用 MATLAB 求拉普拉斯逆变换(ILT)。

二、实验原理及实例分析

拉普拉斯变换是分析连续信号与系统的重要方法。运用拉普拉斯变换可以将连续 LTI 系统的时域模型简便地进行变换，经求解再还原为时域解。从数学角度看，拉普拉斯变换是求解常系数线性微分方程的工具。由拉普拉斯变换导出的系统函数对系统特性分析也具有重要意义。

1. 拉普拉斯变换(LT)。

对于一些不满足绝对可积条件的时域信号，是不存在傅里叶变换的。为了使更多的函数存在变换，并简化某些变换形式或运算过程，引入衰减因子 $e^{-\sigma t}$，其中，σ 为任意实数，使得 $f(t)e^{-\sigma t}$ 满足绝对可积条件，从而可以求 $f(t)e^{-\sigma t}$ 的傅里叶变换，即把频域扩展为复频域。

连续时间信号 $f(t)$ 的 LT 定义为

$$F(s) = \int_{-\infty}^{\infty} f(t)e^{-st}dt \tag{2.9.1}$$

拉普拉斯逆变换(ILT)定义为

$$f(t) = \frac{1}{2\pi j} \int_{\sigma-j\omega}^{\sigma+j\omega} F(s)e^{st}ds \tag{2.9.2}$$

式(2.9.1)和式(2.9.2)构成了拉普拉斯变换对，$F(s)$ 称为 $f(t)$ 的像函数，而 $f(t)$ 称为 $F(s)$ 的原函数。可以将拉普拉斯变换理解为广义的傅里叶变换。

考虑到实际问题，人们用物理手段和实验方法所能记录与处理的一切信号都是有起始时刻的，对于这类单边信号或因果信号，我们引入单边 LT，定义为

$$F(s) = \int_{0_-}^{\infty} f(t)e^{-st}dt \tag{2.9.3}$$

如果连续信号 $f(t)$ 可用符号表达式表示，则可用 MATLAB 的符号数学工具箱中的 laplace 函数来实现其单边 LT，其语句格式为

$$L = \text{laplace}(f)$$

其中，L 返回的是默认符号为自变量 s 的符号表达式；f 则为时域的符号表达式，可通过 sym 函数来定义。

例 2.9.1　用 MATLAB 的 laplace 函数求 $f(t) = e^{-t}\sin(at)u(t)$ 的 LT。

解：MATLAB 的源程序为

```
f=sym('exp(-t)*sin(a*t)');
L=laplace(f)
```

或

```
syms a t
L=laplace(exp(-t)*sin(a*t));
```

运行结果为

```
L =
    a/((s + 1)^2 + a^2)
```

laplace 函数另一种语句格式为：$L = \text{laplace}(f, v)$。它返回的函数 L 是关于符号对象 v 的函数，而不是默认的 s。在例 2.9.1 中，如果要求 LT 后的表达式自变量为 v，则 MATLAB 源程序为

```
syms a t v
f=exp(-t)*sin(a*t);
L=laplace(f,v)
```

2. 拉普拉斯逆变换(ILT)

如果连续信号 $f(t)$ 可用符号表达式表示，则可用 MATLAB 的符号数学工具箱中的 ilaplace 函数来实现其 ILT，其语句格式为

$$f = \text{ilaplace}(L)$$

其中，f 返回的是默认符号为自变量 t 的符号表达式；L 则为 s 域符号表达式，可以通过 sym 函数来定义。

例 2.9.2　试用 MATLAB 的 ilaplace 函数求 $F(s) = \dfrac{s^2}{s^2+1}$ 的 ILT。

解：MATLAB 源程序为

```
F=sym('s^2/(s^2+1)');
ft=ilaplace(F)
```

或

```
syms s
ft=ilaplace(s^2/(s^2+1))
```

运行结果为

```
ft =
    dirac(t) - sin(t)
```

此外，为了应用部分分式展开法来求拉普拉斯逆变换，可以用 MATLAB 函数 residue 得到复杂有理式 $F(s)$ 的部分分式展开式，其语句格式为

$$[r, p, k] = \text{residue}(B, A)$$

其中，B、A 分别表示 $F(s)$ 的分子和分母多项式的系数向量；r 为部分分式的系数；p 为极点；k 为 $F(s)$ 中整式部分的系数。若 $F(s)$ 为有理真分式，则 k 为 0。

例 2.9.3　利用 MATLAB 部分分式展开法求 $F(s) = \dfrac{s+2}{s^3 + 4s^2 + 3s}$ 的 ILT。

解：MATLAB 源程序为

```
format rat;
B=[1,2];
A=[1,4,3,0];
[r,p]=residue(B,A)
```

程序中的 format rat 是将结果数据以分数的形式表示，其运行结果为

```
r=
    -1/6
    -1/2
    2/3
p=
    -3
    -1
    0
```

从上述结果可知，$F(s)$ 有 3 个单实极点，即 $p_1 = -3, p_2 = -1, p_3 = 0$，其对应部分分式展开系数为 $-1/6$、$-1/2$、$2/3$。因此，$F(s)$ 可展开为 $F(s) = \dfrac{2/3}{s} + \dfrac{-1/2}{s+1} + \dfrac{-1/6}{s+3}$。所以，$F(s)$ 的逆变换为

$$f(t) = \frac{2}{3} - \frac{1}{2}\mathrm{e}^{-t} - \frac{1}{6}\mathrm{e}^{-3t}, \quad t \geqslant 0_-$$

例 2.9.4　利用 MATLAB 部分分式展开法求 $F(s) = \dfrac{s-2}{s(s+1)^3}$ 的 ILT。

解：$F(s)$ 的分母不是标准的多项式形式，可利用 MATLAB 的 conv 函数将因子相乘的形式转换为多项式的形式，其 MATLAB 源程序为

```
B=[1,-2];
A=conv(conv([1,0],[1,1]),conv([1,1,[1,1]]));
[r,p]=residue(B,A)
```

根据程序运行结果，$F(s)$ 可展开为

$$F(s) = \frac{2}{s+1} + \frac{2}{(s+1)^2} + \frac{3}{(s+1)^3} + \frac{-2}{s}$$

所以，$F(s)$ 的 ILT 为

$$f(t) = (2\mathrm{e}^{-t} + 2t\mathrm{e}^{-t} + 1.5t^2\mathrm{e}^{-t} - 2)u(t)$$

3. 拉普拉斯变换法求解微分方程。

拉普拉斯变换法是分析连续 LTI 系统的重要手段。LT 将时域中的常系数线性微分方程变换为复频域中的线性代数方程，而且系统的起始条件同时体现在该代数方程中，因而大大简化了微分方程的求解。借助 MATLAB 符号数学工具箱实现拉普拉斯正逆变换的方法可以求解微分方程，即求得系统的完全响应。

例 2.9.5　已知某连续 LTI 系统的微分方程为 $y''(t) + 3y'(t) + 2y(t) = x(t)$，且已知激励信号 $x(t) = 4\mathrm{e}^{-2t}u(t)$，起始条件为 $y(0\_) = 3, y'(0\_) = 4$，求系统的零输入响应、零状态响应和全响应。

解：对原方程两边进行拉普拉斯变换，并利用起始条件，得

$$s^2 Y(s) - sy(0\_) - y'(0\_) + 3\big[sY(s) - y(0\_)\big] + 2Y(s) = X(s)$$

将起始条件及激励的变换代入，整理可得

$$Y(s) = \frac{3s + 13}{s^2 + 3s + 2} + \frac{X(s)}{s^2 + 3s + 2}$$

其中，第一项为零输入响应的拉普拉斯变换；第二项为零状态响应的拉普拉斯变换。利用 MATLAB 求其时域解，源程序如下：

```
syms t s
Yzis=(3*s+13)/(s^2+3*s+2);
yzi=ilaplace(Yzis)
xt=4*exp(-2*t)*heaviside(t);
Xs=laplace(xt);
Yzss=Xs/(s^2+3*s+2);
yzs=ilaplace(Yzss)
yt=simplify(yzi+yzs)
```

程序的运行结果为

```
yzi=
    -7*exp(-2*t)+10*exp(t)
yzs=
    4*(-1-t)*exp(-2*t)+4*exp(-t)
yt=
    -11*exp(-2*t)+14*exp(-t)-4*t*exp(-2*t)
```

即系统的零输入响应为

$$y_{zi}(t) = (10\mathrm{e}^{-t} - 7\mathrm{e}^{-2t})u(t)$$

系统的零状态响应为

$$y_{zs}(t) = (4e^{-t} - 4te^{-2t} - 4e^{-2t})u(t)$$

系统的完全响应为

$$y(t) = y_{zi}(t) + y_{zs}(t) = (14e^{-t} - 4te^{-2t} - 11e^{-2t})u(t)$$

三、实验内容

1. 试用 MATLAB 命令求下列各函数的 LT。

（1）　$x(t) = \delta(t) - \dfrac{4}{3}e^{-t}u(t) + \dfrac{1}{3}e^{2t}u(t)$

（2）　$x(t) = \sin(2t)u(t)$

2. 试用 MATLAB 命令求下列函数的 ILT。

（1）　$X(s) = \dfrac{3s}{(s+4)(s+2)}$

（2）　$X(s) = \dfrac{1}{s(s^2+5)}$

四、实验报告要求

1. 实验报告包括：实验名称、实验目的、实验原理、实验环境、实验内容（上述几部分代码及结果图形）、实验思考等。

2. 分析用符号求解法和用部分分式展开法求拉普拉斯逆变换的优缺点。

2.10　Z 变换及离散时间系统的 Z 域分析

一、实验目的

1. 掌握 MATLAB 求离散时间信号 Z 变换和 Z 逆变换的方法。
2. 学会运用 MATLAB 分析离散时间系统的系统函数的零极点。
3. 运用 MATLAB 分析系统函数的零极点分布与其时域特性的关系。
4. 了解运用 MATLAB 进行离散时间系统频率特性分析的过程。

二、实验原理及实例分析

1. Z 正逆变换。

序列 $x[n]$ 的双边 Z 变换定义为

$$X(z) = Z(x[n]) = \sum_{n=-\infty}^{\infty} x[n]z^{-n} \tag{2.10.1}$$

Z 逆变换的定义式为

$$x[n] = \frac{1}{2\pi j} \oint_c X(z) z^{n-1} dz$$

式中 c 是包围 $X(z)z^{n-1}$ 所有极点之逆时针闭合积分路线。

序列 $x[n]$ 的单边 Z 变换定义为

$$X(z) = Z(x[n]) = \sum_{n=0}^{\infty} x[n] z^{-n} \tag{2.10.2}$$

MATLAB 符号数学工具箱提供了计算离散时间信号单边 Z 变换的函数 ztrans 和 Z 逆变换函数 iztrans，其语句格式分别为

$$Z = \text{ztrans}(x)$$

$$x = \text{iztrans}(Z)$$

其中，x 和 Z 分别为时域表达式和 Z 域表达式的符号表示，可以通过 sym 函数来定义。

例 2.10.1　试用 ztrans 函数求下列函数的 Z 变换。

(1)　$x(n) = a^n \cos(\pi n) u[n]$

(2)　$x(n) = [2^{n-1} - (-2)^{n-1}] u[n]$

解：(1) Z 变换的 MATLAB 源程序为

```
x=sym('a^n*cos(pi*n)');
z=ztrans(x);
simplify(z)
```
运行结果为
```
ans=
    z/(z+a)
```
(2) Z 变换的 MATLAB 程序为
```
x=sym('2^(n-1)-(-2)^(n-1)');
z=ztrans(x);
simplify(z)
```
运行结果为
```
ans=
    z^2/(z-2)/(z+2)
```

例 2.10.2　试用 iztrans 函数求下列函数的 Z 逆变换。

$$X(z) = \frac{8z - 19}{z^2 - 5z + 6}$$

解： Z 逆变换 MATLAB 源程序为

```
Z=sym('(8*z-19)/(z^2-5*z+6)');
```

```
x=iztrans(Z);
simplify(x)
```
运行结果为
```
ans =
    -19/6*charfcn[0](n)+5*3^(n-1)+3*2^(n-1)
```
其中，charfcn[0](n)是 $\delta[n]$ 函数在 MATLAB 符号工具箱中的表现，逆变换后的函数形式为

$$x[n] = -\frac{19}{6}\delta[n] + (5\times 3^{n-1} + 3\times 2^{n-1})u[n]$$

如果信号的 Z 域表示式是有理数，则进行 Z 变换的另外一个办法就是对 $X(z)$ 进行部分分式展开，然后求各简单分式的 Z 变换。设 $X(z)$ 的有理分式表示为

$$X(z) = \frac{b_0 + b_1 z^{-1} + b_2 z^{-2} + \cdots + b_m z^{-m}}{a_0 + a_1 z^{-1} + a_2 z^{-2} + \cdots + a_m z^{-m}} = \frac{B(z)}{A(z)} \qquad (2.10.3)$$

MATLAB 信号工具箱提供了一个对 $X(z)$ 进行部分分式展开的函数 residuez，其语句格式为

$$[R,P,K]=residuez(B,A)$$

其中，B、A 分别表示 $X(z)$ 的分子与分母多项式的系数向量；R 为部分分式的系数向量；P 为极点向量；K 为多项式的系数。若 $X(z)$ 为有理真分式，则 K 为 0。

例 2.10.3 试用 MATLAB 命令对函数 $X(z) = \dfrac{18}{18 + 3z^{-1} - 4z^{-2} - z^{-3}}$ 进行部分分式展开，并求出其 Z 逆变换。

解： MATLAB 源程序为
```
B=[18];
A=[18,3,-4,-1];
[R,P,K]=residuez(B,A)
```
运行结果为
```
R =
    0.3600
    0.2400
    0.4000


P =
    0.5000
    -0.3333
    -0.3333
```

```
K =
    []
```

从运行结果可知，$p_2 = p_3$，表示系统有一个二重极点。所以，$X(z)$ 的部分分式展开为

$$X(z) = \frac{0.36}{1-0.5z^{-1}} + \frac{0.24}{1+0.3333z^{-1}} + \frac{0.4}{(1+0.3333z^{-1})^2}$$

因此，其 Z 逆变换为

$$x[n] = [0.36 \times (0.5)^n + 0.24 \times (-0.3333)^n + 0.4(n+1)(-0.3333)^n]u[n]$$

2. 系统函数的零极点分析。

离散时间系统的系统函数定义为

$$H(z) = \frac{Y(z)}{X(z)}$$

如果系统函数的有理函数表达式为

$$H(z) = \frac{b_1 z^m + b_2 z^{m-1} + \cdots + b_m z + b_{m+1}}{a_1 z^n + a_2 z^{n-1} + \cdots + a_n z + a_{n+1}}$$

在 MATLAB 中系统函数的零极点可以通过函数 roots 得到，也可以借助函数 tf2zp 得到，tf2zp 的语句格式为

$$[Z,P,K]=\text{tf2zp}(B,A)$$

其中，B 与 A 分别表示 $H(z)$ 的分子与分母多项式的系数向量。它的作用是将 $H(z)$ 的有理分式表示转换为零极点增益形式：

$$H(z) = k\frac{(z-z_1)(z-z_2)\cdots(z-z_m)}{(z-p_1)(z-p_2)\cdots(z-p_n)}$$

例 2.10.4 已知一个离散因果 LTI 系统的系统函数为

$$H(z) = \frac{z+0.32}{z^2+z+0.16}$$

试用 MATLAB 命令求该系统的零极点。

解： 用 tf2zp 函数求系统的零极点，MATLAB 源程序为

```
B=[1,0.32];
A=[1,1,0.16];
[R,P,K]=tf2zp(B,A)
```

运行结果为

```
R =

   -0.3200


P =

   -0.8000
   -0.2000


K =

   1
```

因此，零点为 $z = -0.32$，极点为 $p_1 = -0.8, p_2 = -0.2$。

若要获得系统函数 $H(z)$ 的零极点分布图，可直接应用 zplane 函数，其语句格式为

$$\text{zplane}(B, A)$$

其中，B 与 A 分别表示 $H(z)$ 的分子和分母多项式的系数向量。它的作用是在 Z 平面上画出单位圆、零点与极点。

例 2.10.5 已知一个离散因果 LTI 系统的系统函数为

$$H(z) = \frac{z^2 - 0.36}{z^2 - 1.52z + 0.68}$$

试用 MATLAB 命令绘出该系统的零极点分布图。

解： 用 zplane 函数求系统的零极点，MATLAB 源程序为

```
B=[1,0,-0.36];
A=[1,-1.52,0.68];
zplane(B,A),grid on
legend('零点','极点')
title('零极点分布图')
```

程序运行结果如图 2.10.1 所示。可见，该因果系统的极点全部在单位圆内，故系统是稳定的。

3. 系统函数的零极点分布与其时域特性的关系。

在离散系统中，Z 变换建立了时域函数 $h[n]$ 与 Z 域函数 $H(z)$ 之间的关系。因此，$H(z)$ 从形式上可以反映 $h[n]$ 的部分内在性质。下面通过讨论 $H(z)$ 的一阶极点

情况，来说明系统函数的零极点分布与系统时域特性的关系。

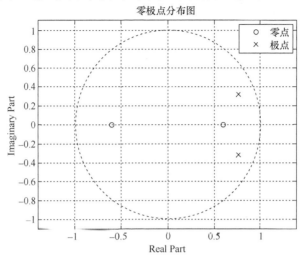

图 2.10.1　例 2.10.5 的运行结果

例 2.10.6　试用 MATLAB 命令画出下列系统函数的零极点分布图以及对应的时域单位取样响应 $h[n]$ 的波形，并分析系统函数的极点对时域波形的影响。

(1)　$H_1(z) = \dfrac{z}{z - 0.8}$ 　　　　　　　(2)　$H_2(z) = \dfrac{z}{z + 0.8}$

(3)　$H_3(z) = \dfrac{z}{z^2 - 1.2z + 0.72}$ 　　　(4)　$H_4(z) = \dfrac{z}{z - 1}$

(5)　$H_5(z) = \dfrac{z}{z^2 - 1.6z + 1}$ 　　　　(6)　$H_6(z) = \dfrac{z}{z - 1.2}$

(7)　$H_7(z) = \dfrac{z}{z^2 - 2z + 1.36}$

解： MATLAB 源程序为

```
b1=[1,0];
a1=[1,-0.8];
subplot(121)
zplane(b1,a1)
title('极点在单位圆内的正实数')
subplot(122)
impz(b1,a1,30);grid on
figure
b2=[1,0];
a2=[1,0.8];
```

```
subplot(121)
zplane(b2,a2)
title('极点在单位圆内的负实数')
subplot(122)
impz(b2,a2,30);grid on
figure
b3=[1,0];
a3=[1,-1.2,0.72];
subplot(121)
zplane(b3,a3)
title('极点在单位圆内的共轭复数')
subplot(122)
impz(b3,a3,30);grid on;
figure
b4=[1,0];
a4=[1,-1];
subplot(121)
zplane(b4,a4)
title('极点在单位圆上为实数1')
subplot(122)
impz(b4,a4);grid on
figure
b5=[1,0];
a5=[1,-1.6,1];
subplot(121)
zplane(b5,a5)
title('极点在单位圆外的共轭复数')
subplot(122)
impz(b5,a5,30);grid on
figure
b6=[1,0];
a6=[1,-1.2];
subplot(121)
zplane(b6,a6)
title('极点在单位圆外的正实数')
subplot(122)
impz(b6,a6,30);grid on
figure
```

```
b7=[1,0];
a7=[1,-2,1.36];
subplot(121)
zplane(b7,a7)
title('极点在单位圆外的共轭复数')
subplot(122)
impz(b7,a7,30);grid on
```
程序运行结果如图 2.10.2 所示。

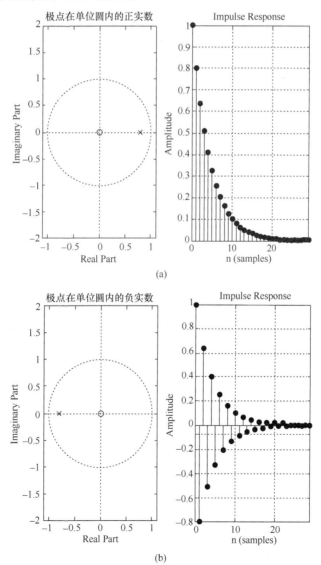

(a)

(b)

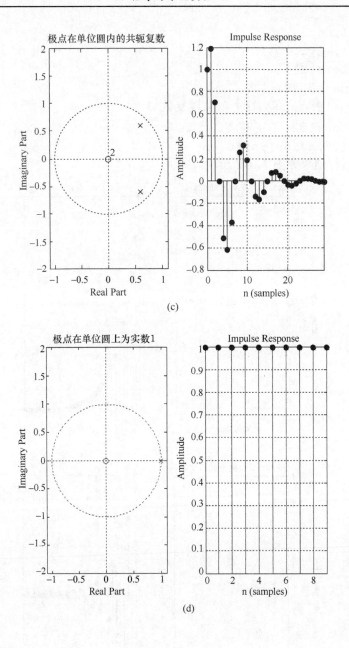

(c)

(d)

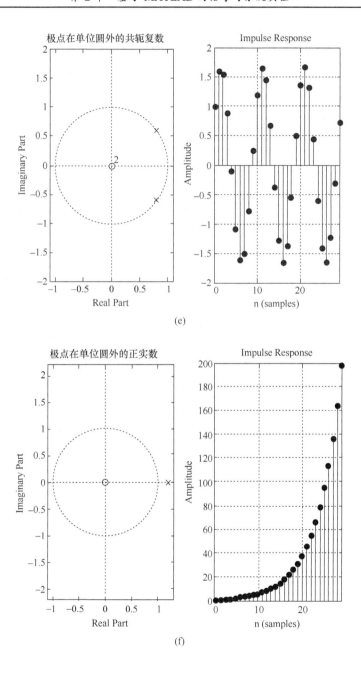

(e)

(f)

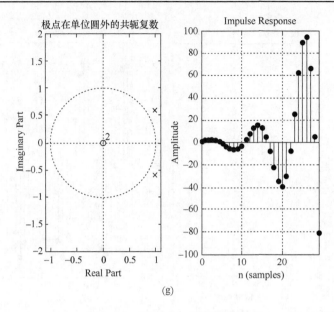

(g)

图 2.10.2　例 2.10.5 的运行结果

从图 2.10.2 可以看出，当极点位于单位圆内时，$h[n]$ 为衰减序列；当极点位于单位圆上时，$h[n]$ 为等幅序列；当极点位于单位圆外时，$h[n]$ 为增幅序列。若 $H(z)$ 有一阶实数极点，则 $h[n]$ 为指数序列；若 $H(z)$ 为一阶共轭极点，则 $h[n]$ 为指数振荡序列；若 $H(z)$ 的极点位于虚轴左边，则 $h[n]$ 序列按一正一负的规律交替变化。

4. 离散时间 LTI 系统的频率特性分析。

对于因果稳定的离散时间系统，如果激励为正弦序列 $x[n] = A\sin[n\omega]u[n]$，则系统的稳态响应为 $y_{ss}[n] = A\big|H(e^{j\omega})\big|\sin[n\omega + \varphi(\omega)]u[n]$。其中，$H(e^{j\omega})$ 通常为复数。离散时间系统的频率响应定义为 $H(e^{j\omega}) = \big|H(e^{j\omega})\big|e^{j\varphi(\omega)}$，其中，$\big|H(e^{j\omega})\big|$ 称为离散时间系统的幅频响应特性；$\varphi(\omega)$ 称为离散时间系统的相频响应特性；$H(e^{j\omega})$ 是以 $\omega_s\left(\omega_s = \dfrac{2\pi}{T}, 若令 T = 1, 则 \omega_s = 2\pi\right)$ 为周期的周期函数。因此，只要分析 $H(e^{j\omega})$ 在 $|\omega| \leqslant \pi$ 范围内的情况，便可知道整个系统的频域特性。

MATLAB 提供了求离散时间系统频响特性的函数 freqz，调用 freqz 的格式主要有两种形式。一种形式为

$$[H,w] = \text{freqz}(B,A,N)$$

其中，B 与 A 分别表示 $H(z)$ 的分子与分母多项式的系数向量；N 为正整数，默认值为 512；返回值 w 包含 $[0,\pi]$ 范围内的 N 个频率等分点；返回值 H 则是离散时间系统频率响应 $H(e^{j\omega})$ 在 $0 \sim \pi$ 范围内 N 的频率处对应的值。

另外一种形式为

$$[H,w]=\text{freqz}(B,A,N,\ '\text{whole}')$$

与第一种方式的不同之处在于角频率的范围由 $0\sim\pi$ 扩展到 $0\sim2\pi$ 。

例 2.10.7 用 MATLAB 命令绘制系统 $H(z)=\dfrac{z^2-0.96z+0.9028}{z^2-1.56z+0.8109}$ 的频率响应曲线。

解：利用函数 freqz 计算出 $H(\text{e}^{\text{j}\omega})$ ，然后利用函数 abs 和 angle 分别求出幅频特性与相频特性，最后利用 plot 命令绘制曲线。

MATLAB 源程序为

```
b=[1 -0.96 0.9028];
a=[1 -1.56 0.8109];
[H,w]=freqz(b,a,400,'whole');
Hm=abs(H);
Hp=angle(H);
subplot(211)
plot(w,Hm),grid on
xlabel('\omega(rad/s)'),ylabel('幅度')
title('离散系统幅频特性曲线')
subplot(212)
plot(w,Hp),grid on
xlabel('\omega(rad/s)'),ylabel('相位')
title('离散系统相频特性曲线')
```

程序运行结果如图 2.10.3 所示。

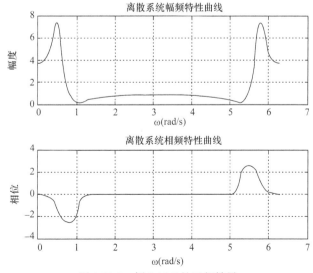

图 2.10.3　例 2.10.7 的运行结果

三、实验内容

1. 使用 MATLAB 的 residuez 函数，求出 $X(z) = \dfrac{2z^4 + 16z^3 + 44z^2 + 56z + 32}{3z^4 + 3z^3 - 15z^2 + 18z - 12}$ 的部分分式展开和。

2. 使用 MATLAB 画出下列因果系统的系统函数的零极点图，并判断系统的稳定性。

$$H(z) = \frac{2z^2 - 1.6z - 0.9}{z^3 - 2.5z^2 + 1.96z - 0.48}$$

3. 使用 MATLAB 绘制出 $H(z) = \dfrac{z^2}{z^2 - \dfrac{3}{4}z + \dfrac{1}{8}}$ 的频率响应曲线。

四、实验报告要求

1. 实验报告包括：实验名称、实验目的、实验原理、实验环境、实验内容（上述几部分代码及结果）、实验思考等。

2. 给出程序代码和运行结果，并就实验中出现的问题进行分析。

第 3 章　综合与提高实验

3.1　信号的幅度调制与解调

一、实验目的

1. 加深对信号调制与解调的基本原理的认识。
2. 掌握信号幅度调制与解调的实现方法。

二、实验原理

由于通信中的原始信号一般具有频率较低的频谱分量，这种信号不适宜直接在信道中传输。因此，在通信系统的发送端通常需要有调制过程，而在接收端则需要解调过程。

所谓调制，就是按调制信号的变化规律改变信号的某些参数的过程。调制的载波可以分为两类：一类为用正弦信号作为载波；另一类为用脉冲串或一组数字信号作为载波。最常用和最重要的模拟调制方式是用正弦波作为载波的幅度调制和角度调制。连续时间信号的幅度调制与解调，主要是利用信号傅里叶变换的频移特性实现信号的调制。一般是利用正弦载波信号对信号进行调制。

设正弦载波为

$$s(t) = \cos(\omega_c t) \tag{3.1.1}$$

其中，ω_c 为载波角频率。幅度调制信号（已调信号）一般可表示为

$$s_m(t) = x(t)\cos(\omega_c t) \tag{3.1.2}$$

其中，$x(t)$ 为基带调制信号，即通信中要传输的原始信号。

若信号 $x(t)$ 的频谱为 $X(j\omega)$，根据傅里叶变换的频移特性，已调信号 $s_m(t)$ 的频谱为

$$S_m(j\omega) = \frac{1}{2}\{X[j(\omega+\omega_c)] + X[j(\omega-\omega_c)]\} \tag{3.1.3}$$

由公式（3.1.3）可见，正弦幅度调制是在频域把信号搬移到合适的频段，以利于信号在通信信道中的传输。

在接收端，通过同步解调的技术可以恢复出原信号。解调可通过在接收端再乘以与载波信号同频率的正弦信号来完成，即

$$x_o(t) = s_m(t)\cos(\omega_c t) = \frac{1}{2}x(t)[1+\cos(2\omega_c t)] = \frac{1}{2}x(t) + \frac{1}{2}x(t)\cos(2\omega_c t) \tag{3.1.4}$$

信号 $x_{\mathrm{o}}(t)$ 的频谱为

$$X_{\mathrm{o}}(\mathrm{j}\omega) = \frac{1}{2}X(\mathrm{j}\omega) + \frac{1}{4}\{X[\mathrm{j}(\omega+2\omega_{\mathrm{c}})] + X[\mathrm{j}(\omega-2\omega_{\mathrm{c}})]\} \tag{3.1.5}$$

所以，可以将 $x_{\mathrm{o}}(t)$ 信号通过低通滤波器，滤除以 $2\omega_{\mathrm{c}}$ 为中心的频谱分量，便可以恢复信号 $x(t)$。

以上的调制方式为同步解调，要求接收端和发射端的载波信号必须具有相同的载波频率和初始相位，这就使接收机复杂化，在实际中应用存在一定的限制。

实际中一般采用非同步解调方法，如图 3.1.1 所示。对于非同步解调，在信号的调制过程中，在发射端加入一定强度的载波信号 $A\cos(\omega_{\mathrm{c}}t)$，这时，发射端的合成信号为 $y(t) = [A + x(t)]\cos(\omega_{\mathrm{c}}t)$，如果 A 足够大，对于全部的时间，有 $A + x(t) > 0$，于是已调制信号的包络就是 $A + x(t)$，利用包络检测器，就可以恢复出信号 $x(t)$。

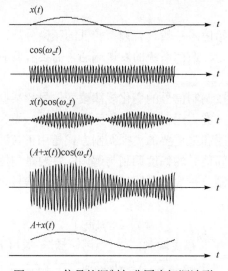

图 3.1.1　信号的调制与非同步解调波形

根据傅里叶变换的对称性，对于实信号，其频谱对称的存在于正负频率轴上。因此，上述的调制方式都称为双边带幅度调制。由于频谱的对称特点，信号经过调制后，已调信号的有效频带宽度为调制信号有效频宽的 2 倍。调制信号的频谱如图 3.1.2 所示。其中图 3.1.2（a）为信号的频谱图，图 3.1.2（b）调制后信号的频谱。幅度调制信号的频谱由载频 ω_{c} 和上、下边带组成，被传输的消息包含在两个边带中，而且每一边带包含有完整的被传输的消息。因此，只要发送单边带信号，就能不失真地传输消息。显然，把调幅信号频谱中的载频和其中一个边带抑制掉后，余下的就是单边带信号的频谱。图 3.1.2（c）为信号频谱的上边带，图 3.1.2（d）为信号频谱的下边带。在通信系统传输时，可以只发送频谱如图 3.1.2（c）或（d）所示的单边带信号，以节省频带。

　　在 MATLAB 中，提供了函数 modulate 和 demod 以实现信号的调制和解调。信号调制函数 modulate 的使用格式为

$$y = \text{modulate}(x,\text{fc},\text{fs},\text{method},\text{opt})$$

其中，fc 为载波频率；fs 为抽样频率；method 为所需要的调制方式；opt 为选择项；y 为已调信号。

　　信号的调制方式主要有以下几种。

（1）'am' 为抑制载波的双边带调幅。

（2）'amdsb-tc' 为不抑制载波的双边带调幅。

（3）'am-ssb' 为单边带调幅。

（4）'pm' 为调相。

（5）'fm' 为调频。

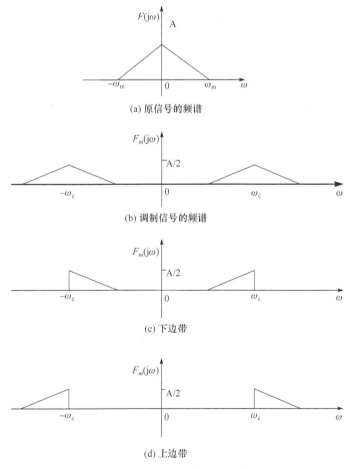

(a) 原信号的频谱

(b) 调制信号的频谱

(c) 下边带

(d) 上边带

图 3.1.2　单-双边带幅度调制

（6）'pwm'为脉冲宽度调制。

（7）'ptm'为脉冲时间调制。

（8）'qam'为正交幅度调制。

解调函数 demod 的调用格式为

$$x=\text{demod}(Y,Fc,Fs,\text{method},opt)$$

其各参数与 modulate 函数中参数的定义一致。

三、实验内容

设计 MATALB 程序实现以下应用，给出结果并对结果进行分析。

1. 有一个正弦信号 $x[n] = \sin(2\pi n / 256)$ ，n=0:256，分别以 100kHz 的载波和 1000kHz 的抽样频率进行信号的调幅，观察图形，绘出其时域波形和频谱。

2. 对问题 1 中的调制信号进行解调（采用 demod 函数），观察与原图形的区别，绘制出解调后信号的时域波形和频谱。

3. 已知线性调制信号表示式如下。

（1）$\cos(\Omega t)\cos\omega_c t$

（2）$[1+0.5\sin(\Omega t)]\cos(\omega_c t)$

$\omega_c = 6\Omega$ ，试分别画出它们的波形图和频谱图。

4. 已知调制信号 $m(t) = \cos(200\pi t) + \cos(4000\pi t)$ ，载波为 $\cos(10^4 t)$，进行单边带调制，试确定单边带信号的表示式，并画出频谱图。

四、实验报告要求

1. 自行编制完整的实验程序，实现对信号的模拟，并得出实验结果。

2. 在实验报告中写出完整的自编程序，并给出实验结果和分析，学习利用 demod 函数对调制信号进行解调。

3.2　声音信号的滤波

一、实验目的

1. 复习采样定理。

2. 掌握应用 MATLAB 函数设计模拟滤波器的方法。

3. 掌握系统性能分析的方法。

4. 结合实际，综合应用信号与系统的基础理论。

二、实验原理

在数字语音系统中，需首先对声信号（模拟信号）进行采样，设信号频率范围为[−fh，fh]，信号中一般含有干扰噪声，其频带宽度远大于 fh。本次实验以电话系统中的语音信号采样系统为对象，设计语音信号采样前置滤波器。数字语音系统结构框图如图 3.2.1 所示，电话系统中一般要保证 4kHz 的音频带宽，即取fh=4kHz，但送话器发出的信号的带宽比 fh 大很多。因此在模数转换之前需对其进行模拟预滤波，以防止采样后发生频谱混叠失真。为使信号采集数量尽量少，设模数转换器的采样频率为 8kHz。

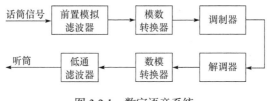

图 3.2.1　数字语音系统

三、实验内容

1. 设计任务即是模拟预滤波系统，要求能够防止语音信号采样后发生频谱混叠失真,语音信号采样频率为 8kHz。实际的语音信号在 3.4kHz 以内，要保证 4kHz的音频带宽，因干扰噪声存在，实际送话器发出的信号的带宽要大很多，因此需设计模拟低通滤波器，设计指标请根据要求自行选取。根据数字语音系统的设计要求，自行查阅相关资料，写出实验设计的思路。

2. 性能测试：利用手机或录音机自制带噪声的语音信号(可自己录音并进行加噪处理，或者在有非人声噪声环境下录音)，将*.wav 波形信号作为系统测试信号，测试所设计模拟预滤波系统的滤波性能，对输入及输出信号进行频谱分析。

3. 编写 MATLAB 程序实现对语音信号的分析与处理。

四、实验报告要求

1. 记录系统的频率响应特性曲线，并绘出输入、输出的信号波形。
2. 理论计算并分析实验结果。
3. 实验总结滤波器的参数对信号处理结果的影响。

3.3　基于 SIMULINK 的信号与系统综合实验设计

一、实验目的

1. 学会使用 SIMULINK 进行模块化编程。

2. 掌握利用 MATLAB 的 SIMULINK 功能进行系统分析的方法。

二、实验原理

1. SIMULINK 简介。

SIMULINK 是 MATLAB 软件的扩展，它是实现动态系统建模和仿真的一个软件包，它与 MATLAB 语言的主要区别在于，SIMULINK 不是用语句来编写程序，在解决一个问题或完成一项任务时，用户只需要调用对应模块库中的模块，通过模块之间的连接，可以和做实验一样完成对应的功能。SIMULINK 的模块化编程可以使用户把更多的精力投入到系统模型的构建，而非语言的编程上。

模型化图形输入是指 SIMULINK 提供了一些按功能分类的基本的系统模块，用户只需要知道这些模块的输入、输出及模块的功能，而不必考察模块内部是如何实现的，通过对这些基本模块的调用，再将它们连接起来就可以构成所需要的系统模型(以.mdl 文件进行存取)，进而进行仿真与分析。

2. SIMULINK 的模块库介绍。

SIMULINK 模块库按功能进行分类，主要包括以下子库：Continuous(连续模块)、Discrete(离散模块)、Logic and Bit Operation(逻辑和位运算模块)、Math Operation(数学运算模块)、Sinks(接收器模块)、Sources(输入源模块)。

各模块的作用及用法可查阅 MATLAB 帮助文件。

3. SIMULINK 简单模型的建立及模型特点。

简单模型的建立步骤如下。

(1) 建立模型窗口。

(2) 将功能模块由模块库窗口复制(或拖)到模型窗口。

(3) 对模块进行连接，从而构成需要的系统模型。

模型的特点主要有以下几点。

(1) 在 SIMULINK 里提供了许多如 Scope 的接收器模块等，这使得用 SIMULINK 进行仿真具有像做实验一般的图形化显示效果。

(2) SIMULINK 的模型具有层次性，通过底层子系统可以构建上层母系统。

(3) SIMULINK 提供了对子系统进行封装的功能，用户可以自定义子系统的图标和设置参数对话框。

4. SIMULINK 功能模块的处理。

功能模块的基本操作包括模块的移动、复制、删除、转向、改变大小、模块命名、颜色设定、参数设定、属性设定、模块输入、输出信号等。

5. SIMULINK 线的处理。

SIMULINK 模型的构建是通过用线将各种功能模块进行连接而构成的。用鼠标可以在功能模块的输入与输出端之间直接连线。所画的线可以改变粗细、设定标签，也可以把线折弯、分支。

6. SIMULINK 自定义功能模块。

自定义功能模块有两种方法，一种方法是采用 Subsystem 功能模块，利用其编辑区设计组合新的功能模块；另一种方法是将现有的多个功能模块组合起来，形成新的功能模块。对于较大的 SIMULINK 模型，通过自定义功能模块可以简化图形，减少功能模块的个数，有利于模型的分层构建。

方法一：将 Subsystem 功能模块复制到打开的模型窗口中，双击 Subsystem 功能模块，进入自定义功能模块窗口，从而可以利用已有的基本功能模块设计出新的功能模块。

方法二：在模型窗口中建立所定义功能模块的子模块，用鼠标将这些需要组合的功能模块框住，然后选择 Edit 菜单下的 Create Subsystem 选项即可。

自定义功能模块的封装：前面提到的两种方法都只是创建一个功能模块而已，如果要命名该自定义功能模块、对功能模块进行说明、选定模块外观、设定输入数据窗口，则需要对其进行封装处理。首先选中 Subsystem 功能模块，再打开 Edit 菜单中的 Mask Subsystem 进入 mask 的编辑窗口，通过 3 个标签页 Icon、Initialization、Documentation 分别进行功能模块外观的设定、输入数据窗口的设定、功能模块的文字说明的设计。

7. SIMULINK 仿真的运行。

构建好一个系统的模型之后，接下来的事情就是运行模型，得出仿真结果。运行一个仿真的完整过程分成三个步骤：设置仿真参数和选择解法器、启动仿真和仿真结果分析。

（1）设置仿真参数和选择解法器。执行 Simulation 菜单下的 Parameters 命令，在弹出的仿真参数对话框中主要通过三个页面来管理仿真的参数：Solver 页、Workspace I/O 页和 Diagnostics 页。Solver 页允许用户设置仿真的开始和结束时间，选择解法器，说明解法器参数及选择一些输出选项。Workspace I/O 页主要用来设置 SIMULINK 与 MATLAB 工作空间交换数值的有关选项。Diagnostics 页允许用户选择 SIMULINK 在仿真中显示的警告信息的等级。

（2）启动仿真。设置仿真参数和选择解法器之后，就可以启动仿真而运行。选择 SIMULINK 菜单下的 start 选项来启动仿真，如果模型中有些参数没有定义，则会出现错误信息提示框。如果一切设置无误，则开始仿真运行，结束时系统会发出鸣叫声。

(3) 仿真结果分析。在对仿真结果进行分析时，可以直接用系统提供的示波器模块进行波形的观察，同时，也可以采用输出模块的"output to workspace"把数据输送到 MATLAB 的命令窗口，进行进一步的结果分析。

三、实验内容及要求

熟悉 SIMULINK 的使用方法之后，结合所学理论知识及已做过的实验内容，设计一个实验项目，实验题目、实验目的、实验原理及内容自拟。

实验项目参考：

1. 连续时间周期信号的分解与合成。

2. 连续时间系统的滤波功能的实现。

3. 信号的幅度调制与解调。

4. 连续时间信号的抽样(抽样定理的验证)。

四、实验报告的要求

1. 包括实验目的、实验原理、实验内容、实验结果和分析。

2. 在实验原理部分重点给出实验的设计思路、用到的理论和 SIMULINK 模块，在内容中给出系统的设计框图，并对模块的具体参数设置进行说明。

3. 实验结果分析包括分析模型不同参数设置和不同仿真条件对结果的影响。

3.4　信号的自相关分析

一、实验目的

1. 掌握基本信号的时域和频域分析方法。

2. 掌握信号的自相关和互相关分析的原理及 MATLAB 实现方法。

3. 了解信号相关分析的特点。

二、实验原理

1. 相关的基本概念。

相关是指客观事物变化量之间的相互依赖关系，在统计学中是用相关系数来描述两个变量 x、y 之间的相关性。如果所研究的随机变量 x、y 是与时间有关的函数，即 $x(t)$ 与 $y(t)$，则相关系数 $\rho_{xy}(\tau)$ 的定义式为

$$\rho_{xy}(\tau) = \frac{\int_{-\infty}^{\infty} x(t)y(t-\tau)\mathrm{d}t}{[\int_{-\infty}^{\infty} x^2(t)\mathrm{d}t \int_{-\infty}^{\infty} y^2(t)\mathrm{d}t]^{\frac{1}{2}}} \tag{3.4.1}$$

假定 $x(t)$、$y(t)$ 是不含直流分量(信号均值为零)的能量信号，则分母部分是一个常量，分子部分是时移 τ 的函数。相关系数反映了两个信号的时移相关性。

在很多通信系统应用中，一个非常重要的概念是两个信号之间的相关函数，信号 $x(t)$、$y(t)$ 的互相关函数定义为

$$R_{xy}(t) = \int_{-\infty}^{\infty} x(t+\tau)y(\tau)\mathrm{d}\tau \tag{3.4.2}$$

如果 $x(t) = y(t)$，则称 $R_x(t) = R_{xy}(t)$ 为自相关函数，即

$$R_x(t) = \int_{-\infty}^{\infty} x(t+\tau)x(\tau)\mathrm{d}\tau \tag{3.4.3}$$

相关函数描述了两个信号或一个信号自身的波形不同时刻的相关性(或相似程度)，揭示了信号波形的结构特性，通过相关分析可以发现信号中许多有规律的东西。相关分析作为信号的时域分析方法之一，为工程应用提供了重要信息，特别是对于在噪声背景下提取有用信息，更显示了它的实际应用价值。

2. 信号相关分析的 MATLAB 函数。

(1) 信号产生函数的语句调用格式。

正弦：

```
y=A*sin(2*pi*f*t)
```

方波：

```
y=A*square(2*pi*f*t)
```

锯齿：

```
y=A*sawtooth(2*pi*f*t)
```

随机噪声：

```
y=A*randn(size(t))
```

上面的各信号表达式中，A 表示信号的幅度，f 表示信号的频率。

(2) 傅里叶变换的 MATLAB 函数为

$$Y=\mathrm{fft}(x,N)$$

其中，x 为信号；N 为信号的采样点数，一般是 2 的整数次幂。

傅里叶逆变换的函数调用格式为

$$x=\mathrm{ifft}(Y)$$

(3) 相关运算：

$$c=\mathrm{xcorr}(x, \text{ 'unbiased'})$$

用于求信号 x 的自相关函数；'unbiased' 表示为无偏估计。

$$c=\text{xcorr}(x,y,\text{'unbiased'})$$

用于求信号 x、y 的互相关函数。

例 3.4.1　分别产生频率为 5Hz、幅度为 2 的周期方波信号和锯齿波信号，显示其时域波形，在时域分析这些波形的特征(幅值、频率(周期))，并对产生的信号进行傅里叶变换，在频域分析信号的特征(图 3.4.1、图 3.4.2)。

对应的 MATLAB 程序如下：

```
clear all
f=5;
fs=512;
N=512;
t=0:1/fs:1;
x1=2*square(2*pi*f*t);              %产生方波信号
X1=fft(x1,N);
F=(0:N-1)*fs/N;
subplot(211),plot(t,x1)
xlabel('t/s')
title('方波信号')
subplot(212),plot(F(1:N/2),abs(X1(1:N/2)))
xlabel('F/Hz')
title('方波信号的频谱')
x2=2*sawtooth(2*pi*f*t);            %产生锯齿波信号
X2=fft(x2,N);
figure(2)
subplot(211),plot(x2)
xlabel('t/s')
title('锯齿波信号')
subplot(212),plot(F(1:N/2),abs(X2(1:N/2)))
xlabel('F/Hz')
title('锯齿波信号的频谱')
```

从图 3.4.1 和图 3.4.2 的仿真结果可以看出，方波信号频谱离散，在 5Hz 的奇数倍频有振幅值，且随着频率增大，振幅值减小，其他频率点振幅值为零。锯齿波信号频谱离散，在 5Hz 的倍数频率处有振幅值，且随着频率增大，振幅值减小，其他频率点振幅值为零。

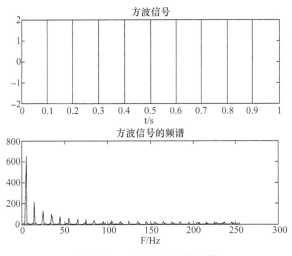

图 3.4.1　方波信号及其频谱

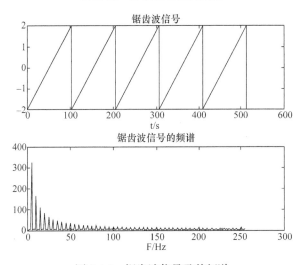

图 3.4.2　锯齿波信号及其频谱

例 3.4.2　产生一个周期性的余弦信号 $x = A\sin(\omega t)$，进行自相关运算，说明周期信号进行自相关运算后的信号与原信号相比的特点。

进行相关计算的 MATLAB 程序如下：

```
clear all
clc
t=0:0.01:1;
y=cos(2*pi*10*t);
R=xcorr(y,'unbiased');          %进行自相关运算
```

```
subplot(211),plot(t,y)
xlabel('t/s')
title('x=cos(10*pi*t)')
grid on
subplot(212),plot(-0.49:0.01:0.49,R(52:150));
xlabel('tao/s')
title('xcorr(x)')
grid on
```

程序的运行结果如图 3.4.3 所示。

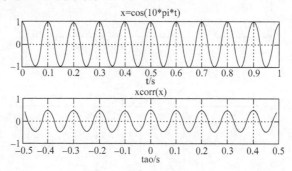

图 3.4.3　余弦信号的自相关

对于周期余弦信号，自相关运算后为 $R_{xx}(\tau) = \dfrac{A^2}{2}\cos(\omega\tau)$，保留了信号振幅和频率的信息，丢失了相角信息。从图 3.4.3 中可以看出，自相关运算信号幅值为原信号的一半，频率不变。

三、实验内容

1. 对例 3.4.2 中产生的周期余弦信号叠加白噪声，然后利用 xcorr 函数进行自相关运算，观察信号特征。

2. 产生两个不同频率的周期信号，进行互相关运算，观察运算后的信号。

3. 分别产生一个频率为 10Hz 的周期方波信号和一个锯齿波信号，进行信号的互相关运算，观察运算后信号的特征。

四、实验报告要求

1. 自行编制完整的实验程序，实现对信号的模拟，进行信号的时域和频域分析，并得出实验结果。

2. 在实验报告中写出完整的自编程序，并给出实验结果和分析，总结利用

xcorr 函数对信号进行相关分析时应注意的问题。

3.5　图像信号的二维傅里叶变换

一、实验目的

1. 熟悉傅里叶变换在图像处理中的应用。
2. 熟练掌握 FFT 分析图像信号的方法。

二、实验原理

在信号处理中，傅里叶变换可以将时域信号变换到频域中进行处理，因此傅里叶变换在信号处理中有着重要的地位，它在通信、电子系统、光学、生物医学和图像处理领域具有广泛的应用。

傅里叶变换是一种函数的正交变换，如果将信号以函数来描述，正交变换的含义就是将一个函数分解成一组正交函数的线性组合。傅里叶正、逆变换的计算公式分别为

$$F(\mathrm{j}\omega) = \int_{-\infty}^{\infty} f(t)\,\mathrm{e}^{-\mathrm{j}\omega t}\mathrm{d}t \tag{3.5.1}$$

$$f(t) = \frac{1}{2\pi}\int_{-\infty}^{\infty} F(\mathrm{j}\omega)\cdot\mathrm{e}^{\mathrm{j}\omega t}\mathrm{d}\omega \tag{3.5.2}$$

显然，对一个非周期信号，其频谱为连续谱。

在图像处理的广泛应用领域中，傅里叶变换起着非常重要的作用，具体包括图像分析、图像增强和图像压缩等。对于二维连续信号，其二维傅里叶变换定义为

$$F(u,v) = \int_{-\infty}^{\infty}\int_{-\infty}^{\infty} f(x,y)\mathrm{e}^{-\mathrm{j}2\pi(ux+vy)}\mathrm{d}x\mathrm{d}y \tag{3.5.3}$$

逆变换为

$$f(x,y) = \int_{-\infty}^{\infty}\int_{-\infty}^{\infty} F(u,v)\mathrm{e}^{\mathrm{j}2\pi(ux+vy)}\mathrm{d}u\mathrm{d}v \tag{3.5.4}$$

在数字图像处理领域中，$f(x,y)$ 可以用来表示一幅图像，而 $F(u,v)$ 则表示该图像的频谱。数字图像信号的二维离散傅里叶变换为

$$F(m,n) = \frac{1}{N}\sum_{i=0}^{N-1}\sum_{k=0}^{N-1} f(i,k)\mathrm{e}^{-\mathrm{j}2\pi(m\frac{i}{N}\cdot n\frac{k}{N})} \tag{3.5.5}$$

逆变换为

$$f(i,k) = \frac{1}{N}\sum_{m=0}^{N-1}\sum_{n=0}^{N-1} F(m,n)\mathrm{e}^{\mathrm{j}2\pi(m\frac{i}{N}\cdot n\frac{k}{N})} \tag{3.5.6}$$

快速傅里叶变换要达到的目的是，将前面所给出的傅里叶变换的计算公式，通过一定的整理之后，找到一个可以将复杂的连加运算转换为简单的两个数相加运算的重复的方法，以减小傅里叶变换的计算时间代价。

经过傅里叶变换之后，可以获得原图像信号的频域分布情况。由于图像中不同特性的像素具有不同的频域特性，因此，可以在频域上设计相应的滤波器，以达到滤除某些信息，或者保留某些信息的目的。另外，因为傅里叶变换后，时域与频域形成了对偶运算关系，因此通过傅里叶变换也可以达到简化某些运算的目的。

傅里叶变换在数字图像处理中广泛用于频谱分析，也是线性系统分析的一个有力工具，它使我们能够定量地分析如数字化系统、采样点、电子放大器、卷积滤波器、噪声、显示点等的作用（效应）。傅里叶变换是数字图像处理技术的基础，其通过在时空域和频率域来回切换图像，对图像的信息特征进行提取和分析，简化了计算工作量，被喻为描述图像信息的第二种语言，广泛应用于图像变换、图像编码与压缩、图像分割、图像重建等。因此，对涉及数字图像处理的工作者，深入研究和掌握傅里叶变换及其扩展形式的特性，是很有价值的。

2. 图像傅里叶变换的 MATLAB 函数简介。

在 MATLAB 中，提供了图像处理工具箱用于进行图像的二维傅里叶变换和分析。下面对傅里叶分析中用到的几个基本函数进行简要的说明。

（1）图像读入函数 imread，其调用格式为

I=imread（'带路径的文件名'）

（2）用于图像显示的函数 imshow：

imshow(I)

（3）给图像添加噪声的函数：imnoise

$J = $imnoise($I$,type,parameters)

其中，I 代表图像信号；type 表示加噪声的类型；parameters 表示噪声对应的参数。

（4）二维傅里叶变换函数：fft2。

（5）二维傅里叶逆变换：ifft2。

（6）直流分量移动到频谱中心:fftshift。

例 3.5.1　读取一幅风景图像，分别对图像进行二维傅里叶变换和逆变换，观察图像的幅度谱和相位谱以及逆变换复原的图像，并通过改变幅度和相位观察对复原图像的影响。

图像二维傅里叶变换的 MATLAB 程序如下：

```
clear all
i=imread('H:\实验书编写\fengjing.jpg');     %读入原图像文件
[N,M]=size(i);
```

```
L=min(N,M);
 i=i(1:L,1:L);
figure;                              %设定窗口
subplot(231),imshow(i);              %显示原图像
title('原图像')                      %图像命名

%%%%
j=fft2(i);                           %二维离散傅里叶变换
k=fftshift(j);                       %直流分量移到频谱中心
RR=real(k);                          %取傅里叶变换的实部
II=imag(k);                          %取傅里叶变换的虚部
A=sqrt(RR.^2+II.^2);                 %计算频谱幅值
A=(A-min(min(A)))/(max(max(A))-min(min(A)))*255;%归一化
subplot(232),imshow(l,[]);
title('归一化幅度谱')                %图像命名

%%%%%%%%%%
RR1=real(j);                         %取傅里叶变换的实部
II1=imag(j);                         %取傅里叶变换的虚部
pha=atan(II1./RR1);
subplot(233),imshow(pha,[]);         %显示图像的相位
title('相位谱');
m=ifft2(j)/255;
subplot(234),imshow(m)
title('复原的图像');
AA=ones(size(j));
jj=j./abs(j);
n=ifft2(jj)/255;
subplot(235),imshow(abs(n),[]);
title('当幅度全为 1 时的图像');
mm=ifft2(abs(j))/255;
subplot(236),imshow(mm)
title('相位为 0 复原的图像');
```

程序的运行结果如图 3.5.1 所示。

(a) 原图像　　　　　(b) 归一化幅度谱　　　　(c) 相位谱

(d) 复原的图像　　(e) 当幅度全为1时的图像　(f) 相位为0复原的图像

图 3.5.1　图像的二维傅里叶变换以及图像的恢复

从图 3.5.1 的仿真结果可以看出，傅里叶变换是可逆变换，应用傅里叶变换可以恢复出原图像。当改变图像的幅度和相位时，均会影响复原的图像效果。

三、实验内容

1. 从网上图片数据库中下载一幅图片，保存到计算机对应的文件夹中，应用 imread 函数读取图片。

2. 进行图像信号的二维傅里叶变换，画出图像的幅度谱和相位谱。

3. 利用二维傅里叶逆变换复原图像，并观察复原图像与原图像的差别。

4. 将图像信号的傅里叶变换的模值变为 1，相位取原图像的相位，再进行傅里叶逆变换，画出图像，体会图像的相位特点。

5. 将图像信号的傅里叶变换的相位变为 1，幅度取原图像的幅度，再进行傅里叶逆变换，画出图像，体会图像的幅度对图像的影响。

四、实验报告要求

1. 写出对应程序的源代码并给出程序运行结果。

2. 体会并分析图像的幅度和相位对图像的影响。

参 考 文 献

陈后金, 2006. 信号分析与处理实验. 北京: 高等教育出版社.

陈怀琛, 吴大正, 高西全, 2002. MATLAB 及在电子信息课程中的应用. 北京: 电子工业出版社.

程耕国, 陈华丽, 2010. 信号与系统实验教程. 北京: 机械工业出版社.

崔炜, 王昊, 2014. 信号与系统实验教程. 北京: 电子工业出版社.

谷源涛, 应启珩, 郑君里, 2008. 信号与系统——MATLAB 综合实验. 北京: 高等教育出版社.

梁虹, 梁洁, 陈跃斌, 2002. 信号与系统分析及 MATLAB 实现. 北京: 电子工业出版社.

汤全武, 2008. 信号与系统实验. 北京: 高等教育出版社.

郑君里, 应启珩, 杨为理, 2000. 信号与系统. 2 版. 北京: 高等教育出版社.

KAMEN E W, HECK B S, 2002. Fundamentals of siganls and systems using the Web and MATLAB. 北京: 科学出版社.

OPPENHEIMA V, WILLSKYA S, NAWABS H, 1998. 信号与系统. 2 版. 刘树棠, 译. 西安: 西安交通大学出版社.